高登义科学探险手记

登极取义

高登义 著

Scientific
Exploration
Notes

海峡出版发行集团
THE STRAITS PUBLISHING & DISTRIBUTING GROUP

福建少年儿童出版社
FUJIAN CHILDREN'S PUBLISHING HOUSE

目录
CONTENTS

I	序
1	引言：历史的巧合与必然
9	一、"仁义礼智信"与家乡文化传承
29	二、从理论性探索走向珠峰科学考察
46	三、从天气预报实习到中国登山天气预报
61	四、理实交融的科学考察研究道路
78	五、从青藏高原走向海洋和南北极
114	六、南极中山站建站与中国科学探险协会
124	七、从"吃皇粮"到与企业、媒体相结合
133	八、从科学考察到科普考察
151	九、科技创新与科学普及
163	十、从征服自然到知天知己
175	后记：义无反顾

序
Preface

2018 年初，高登义先生给我发电子邮件，告诉我福建少年儿童出版社要为他出版一套名为 "高登义科学探险手记" 的科普丛书，目前已经获得相关出版基金的资助，正在校稿过程中。他还说这很可能是他出版的最后一套科普书了，很想把这套书的质量做得高些。希望请我为丛书写序。我是学生命科学的，对地学一窍不通，承担这项任务肯定是班门弄斧。几经推辞最终还是成了 "一只被赶上架的鸭子"，基于以下考虑，我只能 "恭敬不如从命" 了。

我与高登义先生是中国科学技术大学的校友，他高我一届，是中科大第一届地球物理系（5813 系）学生。我是第二届生物物理系（5912 系）学生。有幸借此机会学习老校友的科研成果和对国家乃至世界的贡献我将是获益的，应老校友之邀请做点事情是值得高兴的，也是应该的。

中国科学技术大学是 1956 年党中央发出 "向科学进军" 的号召，并制定出《1956-1967 年全国科学技术发展远景规划》的时代背景下，由中国科学院集中了中国最好的科学家群体，改变我国教育传统模式，把教育和科研密切结合起来，在当年中国高等教育理工分家的情况下，于 1958 年建立的一所培养新兴、边缘、交叉学科的尖端科技人才的大学，新型的理工结合、科学与技术结合的大学。当年周总理直接关怀、聂荣臻副总理鼎力相助、郭沫若校长亲自挂帅、张劲夫书记严格把关，要求中科大继承抗大优良传统、勤奋艰苦朴素，在新时代勇攀科学高峰。因此中科大是 "向科学进军" 年代里的 "新抗大"，立志科教报国是中科大人的核心价值观，学术优先是中科大文化的基本色。多年来，中科大人不跟风、不盲从、不左顾右盼，表现出对党的事业的赤胆忠心和对科学原则的执着坚守。我为我们中科大培养出了 "我国完成地球三极（南极、北极、青藏高原）科学考察第一人" 的大气物理学家高登义先生感到由衷的自豪！

我在中科大学习期间并不认识高登义同学，但认识地球物理系的几位体操队队友，我这个上海人第一次欣赏到她们那抑扬顿挫如吟诗般的川味普通话。直到 1999 年，我在一次科学院召开的会议上才认识高登义，他不久前（1998 年 10 月 29 日－12 月 3 日）作为科考队队长成功完成了中国科学家"徒步穿越雅鲁藏布大峡谷科学探险考察"的壮举。因为是科大校友相遇，感到格外亲切，他送给我一个"徒步穿越雅鲁藏布大峡谷科学探险考察"的纪念信封。记得当时谈到雅鲁藏布大峡谷的"开发"问题，他坚定地说，"开发"必须是谨慎的、符合科学规律的，不能盲目，不能一哄而上，不能商业化，要先做充分的研究和规划，有计划地去做。

　　我本人是做蛋白质科学的基础研究，基本上是闷在实验室里，时时右手持着一把移液枪，左手捏着一个小试管，与各种仪器打交道，与高登义先生在高山、极地和海洋中做气象科学研究以及科学探险实在是风马牛不相及。但我从小热爱大自然，还曾畅想过做一名地质学家。改革开放后条件好了，只要有时间，我也会利用在国外和国内各地参加学术会议的机会，参观附近的名山大川、名胜古迹，了解民俗文化。但是对我这样一个普通人，南极、北极、喜马拉雅山、雅鲁藏布江……那绝对是奢望，做梦也必然是一场黄粱美梦。世界上有多少人哪怕只有一个这种"极地"的经历？又有几多人有全部这四个"极地"的经历？[请原谅我这个外行擅自把世界上最长（504.6千米）、最深（6009 米）之雅鲁藏布大峡谷非专业地也称为地球的一个"极地"。]所以我对高登义先生有如此丰富且奇迹般的经历，十分敬佩，更是万分美慕。后来我得知他担任中国科学探险协会主席，组织并带领科技工作者和青少年开展了许多实地科学考察活动，并做了非常多的科普讲座，便推荐他为九三学社中央举办的《九三讲堂》的报告人。他也常把他工作和"闲事"的一些照片和记录通过电子邮件送我欣赏。去年我读了蔡春山先生采访高登义的新书《勇探三极——南极 北极 珠峰》，对高登义先生的科考生涯又多了认识。

高登义先生半个世纪如一日在中国科学院进行正规的科学考察和严谨的学术研究。他师从中国大气物理学泰斗叶笃正先生完成大学毕业论文，大学毕业才两年就被中科院从地球物理研究所的一千多名工作人员中挑选出来参加"绝密级"的珠峰登山科学考察。作为学术秘书，他协助叶笃正教授组织当时最大规模的"北京国际青藏高原科学讨论会"，并成为两位在大会发言的中国科学家之一。就在这次发言中，他代表中国科学家正式提出"青藏高原是地球第三极——最高极"的观点。他参加制作的登山天气预报准确地预报了宜于珠峰登顶的登山天气时段，保证了登山队员攀登顶峰顺利进行。1982 年他被中国科学院任命为科学考察队副队长，协助刘东生队长对雅鲁藏布江下游及其共存的南迦巴瓦峰地区进行徒步穿越和科学考察，正式命名了"雅鲁藏布大峡谷"。在学术方面他开创了山地环境气象学新的研究领域，重点研究地球三极地区与全球气候环境变化的相互关系，出版了《中国山地环境气象学》专著。叶笃正、刘东生、陶诗言三位院士对该专著做出最权威、最科学、最中肯的评价。

高登义先生先后荣获中国科学院科技成果特等奖、国家自然科学一等奖、竺可桢野外科学工作个人奖等，被评为"全国先进工作者"和"全国优秀科技工作者"，是享受国务院政府特殊津贴专家，但他的科学成果绝非可以"唯SCI论文是瞻"来评价的。他把学术研究的成果用来指导实地的科学考察，又在科学考察中凝炼出新的科学理论。此外他的科考还对国家政策的制定和维护国家利益做出过重要贡献。

2018 年 1 月 26 日，国务院新闻办公室发表《中国的北极政策》白皮书，这是中国政府在北极政策方面发表的第一部白皮书。白皮书中提到 1920 年 2 月 9 日在巴黎和平会议上签订的"斯匹次卑尔根条约"（Spitsbergen Treaty，也称"斯瓦尔巴条约"Svalbard Treaty）。中国在 1925 年加入了"斯匹次卑尔根条约"，这为中国在北极的权力和参与北极事务奠定了历史的、法律的基础。很快我看到高登义先生《我与'斯瓦尔巴条约'情缘》的博文。我们普通人哪里知道几乎 100 年前我们中国人就已经可以在 3000 千米之外的位于挪威大陆与北极点两者之间的斯匹次卑尔根群岛（6.2 万平方千米）自由出入，无需签证，享有在该群岛地域及其领水内的捕鱼、狩猎权，开展海洋、工业、矿业、商业活动的权利和开展科学调查活动的权利。幸运的高登义 1991 年夏在参加北极国际科学考察中，得到了挪威卑尔根大学 Y. Gjessing 教授馈赠的 "Arctic Pilot"（《北极指南》），使他第一次看到了"斯瓦尔巴条约"的原文，知道中国已经于 1925 年成为条约的成员国，知道凡条约国都可以在斯瓦尔巴群岛上建立科学考察站。从此，他开始走上一条为中国在北极斯瓦尔巴群岛上建立科学考察站而不懈努力的长路。1996 年，中国成为了国际北极科学委员会成员国，使中国的北极科研活动日趋活跃。在中国科学院、中国科协的领导下，通过中国科学探险协会和人民日报社、中国新华社、中央电视台等新闻媒体的共同努力，特别是挪威王国政府的支持和民间经费相助，作为"斯匹次卑尔根条约"成员国的中国终于在 80 后的 2004 年，在斯匹次卑尔根群岛的新奥尔松地区建成"中国北极黄河站"。

习近平总书记在 2017 年的"科技三会"上指出："科技创新、科学普及是实现创新发展的两翼，要把科学普及放在与科技创新同等重要的位置。没有全民科学素质普遍提高，就难以建立起宏大的高素质创新大军，难以实现科技成果快速转化。" 高登义先生是极其优秀的科学家，又是极为突出的科普教育专家，他用实际行动实践了习主席的重要指示精神。

2018 年 1 月 29 日，由中国科协、人民日报社主办的"典赞·2017 科普中国"活动，将"2017 年十大科学传播人物的特别奖"颁给了中国科学院老科学家科普演讲团。高

登义先生作为代表之一上台领奖。正如《人民日报》2018-1-30在倒头条的"今日谈"栏目中以"为热心科普者点赞"为题，报道的中国科学院老科学家科普演讲团事迹："有一群人，不仅把青春献给了共和国的科研事业，退休后依然发挥余热，踏遍神州大地，向民众普及科学知识，让科学改善百姓生活。"高登义先生就是其中的杰出代表。

　　"高登义科学探险手记"正是基于长期的科学考察和严谨的学术研究的经历，以及多年积累的带领群众和青少年科考活动以及撰写科普书籍的经验写成的。全套丛书分成六册：《登极取义》《与山知己》《峡谷情深》《情系南极》《梦幻北极》《见证北极》。每册又分成多篇，内容极其丰富。通篇体现了自然科学与人文科学交融，理论研究与实地考察交融，发现、创新与保护、发展交融，科研实践与国家利益交融，做事与做人交融，个人行为与团队合作交融，兴趣爱好与责任担当交融，独立自主与国际合作交融，前沿研究与科学普及交融，本职工作与社会活动交融。由于定位是科普丛书，所以作者在文字上力求把深奥的科学问题描述得尽量通俗易懂。作者是一位对科学痴迷，对自然热爱、生情，充满情怀、热情洋溢的人；同时又是一位从小念过《三字经》、"四书""五经"，练过用文言文书写作文的理科生（这一点恰恰是我这个同为理科生的弱点），对写作有兴趣，于文字有功底。这套科普丛书极有可读性。相信本套丛书的出版对普及青少年极地知识，培养他们的科学精神，提高他们的科学素养，激发他们热爱大自然、爱护地球、保护环境的热忱将会起到积极的促进作用。希望高登义先生老当益壮，继续发光发热，为科学改善百姓生活继续努力。

　　是为序。

王恩哥

2018-3-27

历史的巧合与必然

好些记者问我："您从小就喜欢探险吗？"

"不是！"我肯定地说，"那时，根本就不知道'探险'二字，整天就知道读书和务农。"

然而，机遇可以改变人的一生。我就是一个例子。

1939年农历冬月（即农历十一月）廿九，我出生在四川省大邑县安仁乡。因为冬天出生，我的小名叫"冬冬"。后来父亲给我起了字"旭东"，家人叫我"冬冬"，慢慢变成了"东东"。反正发音都一样，明白的人知道其中含意，不明白的人仍然不明白。

按照家乡风俗，认为"四岁半启蒙读书最佳"。也许是这个原因吧，我也从四岁半开始读私塾。我读书的学堂就在我家，由我家和二叔家联合请家庭教师在家中授课。学习的内容，除了学习算术外，几乎天天都在老师的带领下高声朗读和背诵《三字经》、"四书"、"五经"等，每五天用文言文写一篇作文，题目大多是有关立志、报国、感恩、孝敬一类的论述文，或有关郊游、我的家乡、我的家一类的散文。当时老师灌输的是"忠孝仁义"，是"唯有读书高"。我懵懵懂懂，知道要像岳飞那样

1982年，和姐姐高惠君在云南见面

1

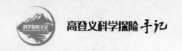
精忠报国，要像关云长、赵云那样讲义气，要像我父母亲那样孝敬长辈、尊敬老师。

说起我父母亲尊敬老师，我特别有体会。从我6岁起，我家聘请了文采中学的高才生王寿彭做家教，由我陪老师居住、生活，每日三餐和王老师一起进餐，非常高兴，因为老师的伙食比我父母亲吃得好，三菜一汤，顿顿都有猪肉。而我家基本上是5天吃一次猪肉，父母亲也不例外。然而，对于"仁义"的认识并不很清楚，特别是为什么"唯有读书高"，更是"稀里糊涂"。

1950年初，家乡解放，我参加了安仁中学的初中入学考试，在第二批考生中幸运地考取第一名（我姐姐高惠君是第一批考生中的第一名）。我非常兴奋，因为我要与姐姐同年进入安仁中学。

然而，母亲不同意，说我年龄还小，这次是让我去尝试一下入学考试，仍然还得去读高小。安仁小学以我在安仁中学入学考试第一名成绩免试录取我入学读高一年级。按照家规，母命不可违，我还是高高兴兴地入读安仁小学。

这个变化，对我来说是个很好的历史机遇。因为，如果当年我与姐姐同时入学上初中，我应该在1956年高中毕业，而那时中国科学技术大学还没有建成，我可能就上其他大学，毕业后要进入中国科学院工作的机遇

 图1. 母亲杨秀芳

图2. 母亲（后排中）来京与我儿子高峰（前排左）、高原（前排右）等在一起

就微乎其微了。

1958年秋，我高中毕业。那时，学校不干预学生填报大学志愿。我仅仅根据自己在高中阶段优异的学习成绩，只是因为自己喜欢火箭和卫星，没有考虑自己的家庭出身，就冲着钱学森先生的大名，第一志愿报考了刚刚成立的中国科学技术大学力学系。

高考结束后，我根据自己的考试情况，估计六门功课的总成绩当在530分左右（结果相符合），便毫无挂念地立即参加温江地区的乒乓球比赛，获得第二名，取得二级运动员证书。

比赛完毕，中国科学技术大学的录取通知书已经到家。打开一看，惊讶了。我并没有被力学系录取，而是被地球物理系录取了。我的一位同年级同学，考试成绩并不如我，却考取了力学系。我在高兴之余，也有一点失望。

安仁中学校长陈华钦是我非常尊敬的老师，得知我考取中国科学技术大学，特别约见了我，热情地嘱咐我"好好学习""为祖国科学技术争光"。临离开时，校长语重心长地对我说："登义，在你填报大学志愿时，我和几位老师都为你捏一把汗啊。

图1. 1958年度四川省温江地区乒乓球比赛第二名奖状
图2. 1958年获国家二级运动员证书
图3. 陈华钦校长（前右）及其夫人（前左）与作者（后左）、汪福勤同学合影

图1. 学生们为叶笃正老师 75 华诞祝寿留影（前排
　　　右 4、3 为叶笃正及其夫人，前排左 2 为高登义）
图2. 叶笃正老师 75 华诞留影

你的学习成绩和品行都很好，但我们担心你家庭

出身会影响你，当时我曾经想过劝你修改第一志愿……"

　　校长语重心长的话打消了我的"失望"感。入学后才知道，1958 年，中国科学技术大学地球物理系招生的计划上报国家晚了，没有赶上全国招生安排。当时中国科学院地球物理研究所党委书记卫一清说服四川省领导，同意中国科学技术大学地球物理系从当年四川省的考生中优先录取。就这样，我在力学系没有录取的情况下，被录入了地球物理系。

　　也许，这就是历史给我的机遇吧！

　　我在中国科学技术大学地球物理系学习了 5 年，我的毕业论文是《西风气流中基本场的适应与发展过程的若干个例计算》，指导老师是叶笃正研究员。论文利用 K. Hinkelmann 的研究"气象噪音"的方程组，在一定的假定条件下，求解大气高度场、风场随时间变化的解析解，再由傅立叶级数展开计算，当风场（高度场）变化时，高

邓小平等国家领导人与"北京国际青藏高原科学讨论会"代表合影（前排左 7 邓小平、第三排右 5 叶笃正、第五排左 3 高登义）

度场（风场）如何适应其变化。一年辛苦的计算，得到 4 条曲线。后来，由叶笃正、李麦村执笔，在《中国科学》1964 年第 7 期上发表的 *"A Process of Generation of Non-geostrophic Motion by Gravitational Waves"*（由重力波引起的非地转运动产生的过程）论文中采用了其中两个例子。

按理说，我的毕业论文是非常理论性的，与野外科学考察没有什么直接关系。

然而，在 1965 年下半年，中国科学院地球物理研究所根据中科院珠穆朗玛峰（以下简称珠峰）科学考察计划，在全所 1000 多人中挑选了我。我要执行的科学考察项目是"珠峰天气气候特征考察研究"。

可以说，没有什么商量和讨论，我就兴高采烈地参加了 1966 年的珠峰登山科学考察。由于某些历史原因，此次科学考察被定为"绝密级"。

记者们曾经不止一次地问我，"为什么选择了你？"说真的，我至今也不清楚，

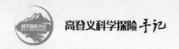
领导也从来没有给我说明过。

我想，这也许就是历史的巧合和必然吧！从此，我在科学考察研究这条道路上循序渐进，一直走到了今天。

在为本书取名时，我与出版社编辑多次协商，最后确定为"登极取义"，用意有二。其一，极者，地球之三极也，即地球最南端的南极、地球最北端的北极和地球最高端的高极——青藏高原；我有幸首先完成了地球三极的科学考察，曰登极也。其二，"取义"出自《孟子·告子上·鱼我所欲也》："生，亦我所欲也，义，亦我所欲也。二者不可得兼，舍身而取义者也。"舍生取义之本意是，为了正义事业不怕牺牲，去求得正义。我在这里主要是指，为了我国科学研究事业，服从国家需要，不畏艰难险阻，多次前往条件特殊、困难的地球三极进行科学探秘、考察，求取科学的真谛。

此外，"地球第三极——青藏高原"还真与我有一些渊源，我曾经20多次赴青藏高原科学考察。众所周知，1980年之前，全球科学界只认识到地球有两极，那就是

出席北京国际青藏高原科学讨论会大气物理学科国内外代表合影（前排右5叶笃正、后排左4美国科罗拉多州立大学 E.R.Reiter 教授、前排右1高登义）

用 Reiter 教授的一次成像机在中尼边境拍摄的照片（前排左起，高登义、石小媛，后排左起 Reiter 教授和夫人及司机）

南极和北极。那么，全世界科学家什么时候才认识到地球有"三极"呢？

1980 年 5 月，我国在北京召开了"十年动乱"之后最大规模的国际科学讨论会 ——北京国际青藏高原科学讨论会。会议邀请了当时国际知名的科学家 80 名和我国一直从事青藏高原科学考察研究的科学家 160 名。邓小平同志和其他几位国家领导人与科学讨论会全体代表合影留念。我作为我国大气物理学组的代表并兼该组的学术秘书，协助组长叶笃正教授工作。讨论会一共 8 天，前 7 天是分组讨论。在分组讨论会中，中国大气物理学家和地球物理学家分别举出不同的证据，说明"青藏高原不仅仅是地球上最高大的高原，而且对全球气候环境变化起着举足轻重的作用"，建议将青藏高原视为地球最高极——第三极，与地球南极、北极一起合称"地球三极"，研究地球三极对全球气候环境变化的影响。我国科学家的这个观点在分组会上已经得到了与会科学家的赞同。第 8 天是大会发言时间，中国和外国科学家各有两名代表，我国知名鸟类学家、中国科学院学部委员（现在叫院士）郑作新先生和我在大会上发了言。我在征得大会主席团同意后，发表了关于"青藏高原是地球第三极——最高极"的演讲，列举了青藏高原对于地球气候环境变化重大影响的四点事实，得到了与会科学家的赞同。

之后，我国科学家出版的关于青藏高原科学考察研究的十余本专著中，也在序言中表述了类似的观点。自此，"青藏高原是地球第三极"的观点逐渐被世界地学与生物学界的科学家认可。

我当时负责陪同美国科罗拉多州州立大学大气物理学家 E.R.Reiter 教授，外国科学家当中，唯有他带来了一次成像的相机，非常引人瞩目。我们在中国和尼泊尔边境

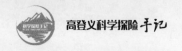

的合影就是一次成像相机拍摄的。

　　记得在宴请全体与会代表之前，邓小平同志由方毅副总理陪同，分别会见了与会代表，大家一起聊天、合影。当邓小平同志与方毅同志走近我们时，Reiter 教授问我："我可以给邓先生照相吗？"我不假思索地答："当然可以。"于是我陪同 Reiter 教授走近邓小平同志，他大胆地问："我可以为您照相吗？"并特别强调"立等可取"。我发觉两位领导脸上露出惊喜的表情，Reiter 教授立刻为小平同志拍摄成像一张，并恭敬地送给小平同志。然后，又为小平同志拍摄第二张，并请小平同志在第二张照片上签名。我看见小平同志挥笔写下"邓小平"，"邓"是用的繁体字"鄧"，龙飞凤舞，好不潇洒！这张照片被 Reiter 教授珍藏至今。

　　幸运的是我"沾光"了，拍照完毕后，小平同志和方毅同志礼貌地与 Reiter 教授握手告别，当然，也与我握了手。

　　在会议期间，国外的 80 名科学家点名邀请了出席讨论会的中国科学家赴国外合作研究，我和其他 50 多位中国科学家代表就是在此次讨论会期间或之后先后被邀请去外国合作研究青藏高原。例如，孙鸿烈和我都获邀于 1981 年到美国科罗拉多州科学研究机构工作。我的合作研究题目是"落基山脉和青藏高原气象学"，合作者是美国科罗拉多州州立大学大气科学系主任 E.R.Reiter 教授。在一年合作研究期间，我在美国第二届山地气象学会议上报告并发表了《珠峰中小尺度系统和背风波考察研究》论文，在美国《天气月刊》1982 年总第 110 期上与 E.R.Reiter 教授合作发表了论文《春季青藏高原加热与南亚高压移动》。

与 E.R.Reiter 教授（右 2）一家

一、"仁义礼智信"与家乡文化传承

我的家乡是四川省大邑县，位于成都平原西部，历史悠久。历史上，儒、释、道三大宗教文化相结合，形成了古蜀大邑之文明。

道教的发源地

首先要提的是大邑境内的道教发源地——鹤鸣山。据载，东汉时期，弃官学道的张道陵，创立了正一盟威道，简称"正一道"。东汉顺帝汉安元年（142年），张道陵于大邑县境内的鹤鸣山上建立了道教，倡导正一盟威之道（俗称五斗米道，亦称天师道），奉老子李耳为教主，以《老子五千文》为主要经典，这标志着道教正式创立。因此，鹤鸣山成了举世公认的中国道教发源地，世界道教朝圣地，是道教名胜中的魁首，被称为"道教祖庭"。在鹤鸣山道教圣地，一颗树龄2000年的金丝楠木树见证了鹤鸣山道教圣地的千年春秋。

据说，大邑还是印度佛教传入中国后最早建寺的地方之一，是佛祖贝叶经南传首地、古佛弥陀的道场，坐落在境内雾中山的开化寺，便是佛

1　图1. 鹤鸣山道教圣地隐藏于密林中
2　图2. 正一盟威道庙宇

鹤鸣山自古便是道教活动场所。汉末，祖天师在此得道并创立正一盟威之道。由于今人多以天师创教为道教的起点，故而这里又被称为道教发源地。

9

教传入中国的第二座寺庙，仅比我国第一座佛教寺庙河南洛阳的白马寺晚建6年，应该说是佛教南传的第一座寺庙。后来逐渐衰败了。

高堂寺也是大邑县的古寺，佛教圣地，过去一直香火旺盛。它和鹤鸣山道教圣地都是我儿时去朝拜过的地方。我外婆家位于大邑县敦义乡，与鹤鸣山和高堂寺都相隔不远，每年春节去外婆家拜年，二舅、五娘（姑妈）等都要带我去朝拜鹤鸣山或高堂寺。虽然路途不算远，但对于小孩子也就不近了。也许是小孩的好奇心驱使吧，每次我都高高兴兴地登上高堂寺，都要去跪拜、烧香。

二舅是小学教师，他小时候也是要背诵"四书""五经"之类的古书。二舅喜欢给我讲故事。有

鉴定道教春秋的 2000 年金丝楠木古树仍然屹立

金丝楠木

生长在大邑县鹤鸣山道源圣城这株树龄已达 2000 多年的楠木——桢楠，因有香味，被当地人称为香楠树。这株桢楠，樟科，楠属，常绿大乔木，腰围 4.2 米，高度约 39 米，树冠约 30 米。东汉末年张道陵在鹤鸣山创立道教，现在道源圣城天师殿所在祖庭区就是当年张道陵创教的地方。其弟子为了纪念他在此修建宫观，并栽种四季常青的柏树和金丝楠木。金丝楠木寿命较长，木质带金丝，华丽高贵且气味芳香；寓意道教万古长青，流芳百世，由于历经千年岁月的风风雨雨仍充满勃勃生机，留下来的金丝楠木仅此一棵，非常名贵。

一次，我们一起去鹤鸣山朝拜，在登山的途中，一不小心，我的腿受伤了，走路有点困难。为了鼓励我，二舅绘声绘色地给我讲张天师的故事。

"我给你们讲讲张天师的故事，想听吗？"二舅总是这样开始。

"当然想听。"我立刻回答，因为我曾经听我妈妈多次提到过无所不能的张天师。

"话说东汉末年，朝廷腐败，贪官污吏横行霸道，民不聊生。当时

担任巴郡江州令的张道陵看透了朝廷的腐败没落，便辞官隐退。"

"什么叫江州令？"我问。

"就相当于现在的重庆市市长。"

"官还不小啊。"我插嘴。

"当时，张道陵想找个地方修炼长生不老术，他想来想去，最后选择了河南洛阳的北邙山。"

"长生不老，真的？"我怀疑地问。

"结果呢，北邙山非常不如意。后来，张道陵打听到我们家乡的鹤鸣山山清水秀，人杰地灵，是修道的好地方，便只身云游来到了鹤鸣山。"

"鹤鸣山真的那么神吗？"我好奇地问。

"就是神！"二舅毫不犹豫地回答，"相传，鹤鸣山有大洞24个，恰好对应一年的二十四节气，还有小洞72个，正好对应一年的七十二候。"

"候是什么？"那时，我根本不知道候。

"五天为一候，与二十四节气相辅相成。"我专心地听。现在回想起来，二舅在给我普及气象知识呢。

"有据可查，在汉明帝永平十五年，也就是公元92年，张道陵从河南洛阳进入四川，千里迢迢来到我们家乡的鹤鸣山。"

"那时交通不方便，不容易啊！"我感叹道。

"是啊！张道陵一生好学。他来到鹤鸣山后，虚心

图 1. 二舅杨绍铨是一名小学教师
图 2. 我的五娘

大邑县敦义乡的高堂寺隐藏于树林之中，这是现在恢复的一部分。

向当地的羌族人学习医术治病救人，在民众中口碑很好。他的诚心感动了天上的太上老君，在顺帝汉安元年（公元142年），在正月十五元宵节的夜晚，太上老君驾临鹤鸣山，传授张道陵三洞众经，金丹秘诀，并赐予雌雄二宝剑及都功印，封他为天师，替天行道。从此，张天师在鹤鸣山传教布道，创立了道教。张天师兴修庙宇，逐渐形成规模。"

然而，高堂寺和鹤鸣山一样，在"十年动乱"期间遭受严重破坏。如今虽然得以恢复，但还是没有过去的规模。

在我儿时的记忆里，鹤鸣山和高堂寺都留下了深刻的印象。一是"高堂寺的神灯照远不照近"，二是"吃茄子不吐茄子皮，吃胡豆不吐胡豆皮，眼睛亮，可以看见高堂寺的神灯"。

高堂寺的神灯照远不照近。的确如此，我家在安仁乡，距离高堂寺30多里地，晴天夜里，可以见到高堂寺的神灯。可是，我外婆家在离高堂寺很近的敦义乡，即使是晴天夜里也看不见神灯。当时我不明白为什么。舅舅和姑妈们也说不清楚原因。倒是我妈妈的解释让我觉得可信。

她曾非常认真地说，"因为你们是好孩子，经常吃茄子和胡豆都没有吐皮，你们的眼睛亮，所以，你们在安仁都能看见高堂寺的神灯。你们去外婆家的时间很短，很少遇晴天，当然见不到高堂寺神灯了。"我妈妈是小学教师，她的解释我们相信。现在我明白，这是高度角不同带来的结果。

此外，三国蜀汉时期，刘备任命蜀汉大将常山赵云为翊军将军，赵云终身实践儒家文化，集忠义智仁勇于一身。他屯兵大邑银屏一带山区镇守西蜀，死后葬于银屏山子龙祠墓。家乡人崇拜赵云，不少人在清明前后去大邑县银屏乡的银屏山赵子龙墓地扫墓，祈求家人平安。

我的家庭教师王寿彭也是如此。在我六岁的时候，王寿彭老师从当时的文采中学高二年级休学，来到我家任家庭教师，就读的学生以我家和二叔家孩子为主。王老师的家乡就在大邑县银屏乡，离赵子龙墓很近。有一次，大约是王老师来我家教书的第二年，他回家探亲，想带我去看看赵子龙墓地，父亲欣然同意。记得赵子龙的墓地建在半山腰上，一座圆圆的又高又大的墓坐落在平地中央，墓地四周用青砖垒成，墓碑上刻着"忠义智勇翊军将军赵子龙之墓"。

王寿彭老师领着我点香、叩拜。老师那种虔诚而恭敬的态度在我幼小的心灵里种下了崇拜赵子龙的种子。

那次回家后，王老师买了一本《三国演义》，每天晚上临睡前给我、三弟和四

1
2

图 1. 高堂寺有一棵高
　　大的古树，上悬
　　一盏神灯
图 2. 高堂寺神灯特写

图 1. 参观赵子龙祠墓进入的通道
图 2. 赵子龙墓地

弟讲书中的故事，两个晚上讲一集。赵子龙单骑救主的机智、关云长过五关斩六将的奇迹、张飞在长坂坡单骑退敌的大吼……书中赵云的智勇双全、关云长的忠义肝胆、张飞的无所畏惧、诸葛亮的文韬武略，都是儿时最美好且又深刻的回忆。

家乡大邑处处渗透着中国传统的儒家文化，表现出强烈鲜明的"仁治天下、崇尚忠义、推崇诚信"的儒家伦理和道德倾向。这些凝聚在大邑土地上的中国儒、释、道三大文化对家乡社会的文明进程起到了主线作用。

父亲"仁义孝道"印象

我的父亲高泽涵曾是同乡刘文辉（四川二十四军军长）手下的一名军官，1943 年解甲归田，潜心务农。自我有记忆起，家中兄弟姐妹都叫父亲"伯伯"，家乡类似这样称呼父亲的还不少。

伯伯深受传统文化影响，主张"仁者爱人"。他乐于助人，经常帮助困难的邻里乡亲，与他们和谐相处。

每年春天，是农村"青黄不接"的困难时期。这时，地里的冬小麦还没有收割，翻耕水稻田的工作紧锣密鼓地展开，农活很重，可前一年收获的粮食大部分家庭已经吃完了，邻里之间常有相互借贷的现象。有一次，一位远离我家的乡邻来求助，母亲有些为难。因为前几天，已经有好几家近邻来借了粮，家中存放大米的缸都见底了。母亲和伯伯商量后，赶紧到我二叔家借来几升米给这位乡邻。我后来才知道，二叔家远比我家富裕，他家有 700 多亩地，我们家只有 100 多亩，但邻里乡亲很难从二叔家借到粮食，而从伯伯这儿是可以借到的。

1 | 2

3

图 1. 与王寿彭老师（中）和表兄姜国强（左）留影

图 2. 2005 年，回家乡看望王寿彭老师（右）

图 3. 2017 年 1 月 11 日，与三弟、弟媳一起回乡看望王老师一家（后排左起：严霞、王霞、周本勤、高登礼、卢之严）

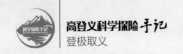

伯伯常帮助他人调解纠纷，邻里乡亲好像也乐于接受他的调解。有一次，一位中年妇女来到我家，向我伯伯哭诉丈夫虐待她，还给我伯伯送来一盒点心。农村孩子平常很难吃到点心，一看见点心，馋得很啊！可是，我伯伯不接受，他以长辈的口吻说，"我一定去找你父母亲，为你讨还公道，但是你必须收回你的点心。"来人也许知道我伯伯的脾气，把点心收回了。我当时不理解还有点遗憾，"眼看就要到口的点心却没有了"。

1944 年到 1945 年，乡民刘文彩筹办文采中学，号召大家共同支持，伯伯和我二叔都捐助了一笔资金。所有捐赠者的名字都刻在文采中学"钟楼"的顶层。此后，钟楼封闭，我们在学校读书时没有人上去过。20 世纪 70 年代后期，钟楼重新开放，我们上楼后发现，钟楼顶层果然铭刻了创办文采中学的捐助者的名字。

伯伯崇尚儒家思想，经常教育我们要"孝为先""义为上"，农民一定要会干农活等。

我四五岁时，伯伯要我晚上陪祖母睡觉，为的是给祖母暖脚。我起初不愿意，祖母的脚实在太凉。为此，一向慈爱的伯伯好好地教训了我一顿，中心思想就是"孝为先"。伯伯严肃地说："没有奶奶，就没有我，没有我，哪里有你们兄弟姐妹呢！"我接受了伯伯的训诫，心甘情愿地为祖母暖脚，直到祖母逝世。祖母勤勤恳恳一生，到了晚年仍然每天纺线，那有节奏的纺车声有时还会在耳边回响。祖母要求我们弟兄很严格，既要我们专心读书，也要我们劳动。要求我们每天早晨提着粪箕子外出捡粪，捡回来后祖母还要检查评比。

在农忙季节，母亲也要下田干农活。记得我六七岁的一天，母亲带着我下水田干活，烈日炎炎，母亲头上戴了斗篷，埋头处理田里的水草，我在田边学着挖鱼腥草。突然，一位绅士风度的男人站在田边的小路上

图 1. 在文采中学纪念亭与母校老师王新华（右 2）、黄旭明（右 3）等合影

图 2. 母校安仁中学 60 周年校庆时，接受当地电视台采访

图 3. 应母校邀请，为母校题写了"与天知己其乐无穷"（杨泽明摄）

问我妈妈："老乡，高团长家在哪里？"我母亲怕对方认出她，不敢抬头，一边干活，一边用手指方向说，"就在前边。"后来回家才知道，此人就是后来在我家生活两三年的中共地下党员李德芳叔叔。

在家乡文化的熏陶下，在我考上大学之前，我已然是乡邻眼中种田的一把好手了。

邻里间的"仁义"亲情

俗话说，"老百姓心中有杆秤"，邻里之间的关系人人心里明白。1950 年冬天，父母亲突然生病，卧床不起。就在父母发病的第一天晚上，邻里乡亲们不约而同来我家看望，有的送一点大米，有的送点钱。记得当时一位阿姨把伍角钱塞到我手中，并示意我不要声张。说心里话，当时农民的生活都不好，送点吃的还行，但伍角钱是大数啊，可以买 60 多斤红薯呢！那时正进行土地改革，我家是被改造对象，邻里乡亲能够来看望我父母亲，已经很不简单了。大家都不富裕，还给我家送粮送钱，实在令我感动万分，我只有恭恭敬敬地鞠躬致谢。

父母亲病重期间，家里就由我带领弟妹耕种20多亩田，的确很困难。记得在插秧大忙季节，一天下午，我带着弟妹们在水田里忙活。突然一群叔叔、哥哥们来到我家水田里，默默地帮助我家插秧，很快就把几亩田的秧苗插完了。我感动地给他们鞠躬，大家笑呵呵地跑开了。那天的情景，现在回忆起来，仍历历在目，铭刻于心。

"仁义礼智信"

我家兄弟五人，排行为"登"字辈，伯伯给我们取名为"仁、义、礼、智、信"，寄托了儒家的理念，也体现了伯伯的儒家家风。比较有趣的是，大约在1946年，伯伯给祖父坟墓重立新碑，碑文的右下角刻上了我们兄弟五人的名字，可是那时，我的五弟高登信还没有出生啊！我当时觉得奇怪，问了伯伯这个问题，但伯伯却笑而不答。现在回想，这也许是伯伯对于儿子们寄予的厚望：要遵循"仁义礼智信"做人做事啊！

当然，我那时对于"仁义礼智信"的理解非常浅薄，只知道要"孝

五兄弟：登仁（前排左3）、登义（第二排右1）、登礼（第二排右3）、登智（第二排右2）、登信（第二排左1）

为先"，要"乐于助人"，还懵懵懂懂地觉得要"关爱更多的人"……

我快 6 岁的时候，和家中弟兄们在离家两里地开外的余老先生家读私塾。一个冬天的早晨，我家两兄弟和一位张家大哥在上学途中，看见田里有三个孩子，赤足在寒冷的露水里割猪草，脚板冻得通红，时不时地以羡慕的眼神看着我们。孩子们那渴望的目光，让我产生了同情心，我当即和兄弟们商量，凑钱给这三个穷孩子买鞋。兄弟们都同意。我们拿出身上的铜板给了张家大哥，张家大哥也拿出一枚 100 元的铜板，并主动答应去帮他们买鞋。回到家，我高兴地把这件事告诉妈妈，妈妈笑笑，用温暖的手摸摸我的头说："好哇！不过，你们应该把钱当面给那些割猪草的孩子。"

我家有个"疯叔叔"

伯伯也主张"仁治天下"，对蒋介石的国民政府贪污腐化非常反感。抗日战争期间，四川二十四军军长刘文辉日渐倾向中国共产党，派出他的下级军官（大部分是营连级）赴延安抗大学习。后来，这些军官基本上都成为中华人民共和国成立后的地方县区级干部。伯伯积极支持他的一位下属营长李德芳赴延安抗大学习。在中华人民共和国成立前夕的两三年，李叔叔一直住在我家，昼伏夜出，经常"疯疯癫癫"的样子，伯伯让我们叫他"疯叔叔"。他有时高兴了便教我们唱《义勇军进行曲》《山那边哟好地方》。中华人民共和国成立后他当了大邑县的副县长，与我家失去了联系。1958 年我考上中国科学技术大学之后，才在县政府第一次见到李叔叔。他一是祝贺我考上大学，二是给我讲当时我伯伯如何支持他做地下工作的往事。他说"装疯"也是伯伯给他的建议。

记得那是 1949 年冬天。

一天早晨，我们全家正在吃早饭。突然，从我家后门外传来人们"逃难啊""快逃啊"的呼喊声。紧接着，有人推开我家后门，冲进来说：

"还吃啥子饭啊，快逃啊。""胡宗南的部队来了，烧杀抢掠，快跑啊！"来人见家人正在吃饭，毫不客气地自己拿起碗从甑子里装饭。饭桌上已经没有菜了，妈妈赶忙取出自己制作的豆腐乳、豆瓣酱给客人下饭。客人忙着逃难，顾不得吃菜，狼吞虎咽地吃完一大碗饭，用手抹抹嘴就走了。

那时，伯伯正在与"疯叔叔"紧张地商量什么事情，好像与"对付胡宗南部队"有关。伯伯把我拉过去，小声地对我说，"你是哥哥，带着弟弟们逃难去，我还有更重要的事情。"

听了伯伯的话，我觉得好像自己一下长大了不少。我去问妈妈和奶奶，奶奶年龄太大，根本不愿意离开家，妈妈也不愿意离开，说要陪奶奶。我和弟弟妹妹都看着妈妈，听妈妈安排。妈妈靠近奶奶，坐在椅子上，没有说话。奶奶急了，指着我妈妈说："你还不把旭东他们赶出去逃难，还在家等啥啊。"妈妈只好挥挥手说："逃吧。"

我带着三弟和四弟走出我家后门，逃难去了。

后来知道，伯伯和李叔叔当时是在商量如何劝阻当地游击队改变作战计划。原来，当地游击队长主张在我家附近设埋伏，打击落荒而逃的胡宗南部队。李叔叔是游击队的政委，他和我伯伯一样，带过兵打过大仗，认为这里的地形不利于埋伏。但李叔叔不是本地人，影响力不够，他劝我伯伯与他一起做工作。当地游击队队长听取了他们两人的意见，改在远离我家 30 多里的山区设埋伏，结果打了场大胜仗。

逃难中，我们听到远处的山区方向传来阵阵枪炮声。冬天沟里没有水。人们都顺着我家后门外的南堰沟往上游逃跑，以便远离枪炮声，我们兄弟三人也随着人潮走。人潮有的在沟里逃，有的在岸上跑，乱哄哄的。两个弟弟紧跟着我，猫着腰在沟底快走。沟的两岸都是密密麻麻的树林，这里曾经是我们玩捉迷藏或者是抓鸟的地方，却成了大家逃难的通道。

还没有走出多远，年龄最小的四弟走不动了，我们只好停下来休息。

远处的枪炮声似乎越来越密集，我发现和我们一起逃难的大人们慢慢不见了。

当我们走到南堰沟上游的尽头桤木河，河床比南堰沟宽多了。我们不知道该怎么走了。桤木河里还有河水流动，无法在河底走。我们在这里逗留了好长一段时间。

枪炮声仍然此起彼落，四周没有逃难的人了。我们三兄弟在桤木河边转来转去，就是不知道该往哪里走。天慢慢黑了，我们的肚子饿得咕咕叫，大家心里想，总得要找个地方吃饭啊。

猛然间，我发现一大片斑竹林中冒起了炊烟，那是有人家在做晚饭了。我曾经听伯伯说过，就在南堰沟上游的桤木河畔有一片斑竹林，那里的人几乎都姓陈。其中有位陈团长是伯伯的朋友。我带着两个弟弟朝着冒烟的竹林走去。肚子越来越饿，四弟走不动了，我和三弟一起搀着他慢慢走。

果然，在斑竹林深处，好大的一座四合院出现在我们眼前，和我们高家的四合院有点相似，我忽然产生了一种好像回到家的感觉。我们来到大门口，我让两个弟弟坐在门口的石阶上，自己去敲门。我一边敲门，一边喊"陈大爷"。

1　图 1. 原两三米宽的南堰沟位置，现仅留一
2　　条人工水沟
3　图 2. 老家残留后门
　　图 3. 老家残留房舍一角

不一会儿，出来一位老者，他望着我们三兄弟，奇怪地问："你们从哪里来？"我赶忙自我介绍说："我们姓高，伯伯高泽涵不在家，我们出来逃难，走迷路了，想讨点饭吃。"老人说"等一下"就进去了。过了一会儿，老人又打开门，笑眯眯地说："你们是高团长家的，陈团长老爷和你们的伯伯是朋友，今晚就住在这儿吧。"

我们跟着老人来到一间偏房，屋里有一张大床，有蚊帐，床上铺的是草席，和我们家一样。老人说，等一会儿就吃饭。

老人走了，我们三兄弟就盼着吃晚饭。四弟说："我想吃肉。"三弟说："要是有红白萝卜煮肉就更好了。"我当然也想吃肉。一阵精神会餐后，老人来带我们去吃晚饭。果然，当晚的菜就有红白萝卜煮肉，而且是回锅肉。我们三兄弟饱餐了一顿，晚上挤在一张大床上香香地睡了一觉。

第二天早饭后，枪炮声没了。我们告别了陈团长，沿着我们逃来时的路回到了家。

伯伯和"疯叔叔"也回来了。我们一进家门，高兴地扑到伯伯的怀里，最小的四弟哭了。"疯叔叔"笑了笑，拍拍我的肩说："好样的。"我得意地笑了。原来，疯叔叔他们的游击队昨天晚上在大邑县山区打了大胜仗。

吃苦磨炼

伯伯崇拜赵云，认为赵云是集"忠义智勇"于一身的英雄，他常常感叹赵云从小吃了很多苦，经受过许多磨炼。他经常对我说："吃得苦中苦，

安仁中学大门

方为人上人。"我虽然不懂"人上人"是什么含义，但觉得应该是"好人"的意思。因此，伯伯给我布置的任务，虽然苦，我也乐意去做。

我们家在当地还算富裕，但我从很小的时候开始，就要承担一些农活。我家有 100 多亩田，除了出租给佃户的，自己耕种的地有三四十亩。每到春耕季节，引水灌溉就是头等大事。

我 5 岁的时候就开始跟着伯伯去"守水"。所谓守水，就是为了各家公平合理用水灌溉耕地，大家排队轮流引水，以燃香来计时。

一天晚上，轮到我们家用水灌溉，伯伯要我跟他一道去守水。他扛起一块门板走在前面，我紧紧跟随他来到田地里。伯伯先把门板放下，用土拦断小沟堵水，抬高水位，让水流入自家田地，然后燃香计时。伯伯将自家的田地都一一指给我看后，嘱咐说："一共是两炷香的时间，你看好水，不要让水把我拦的坝冲坏。"交代完后，伯伯让我独自坐在门板上守候，然后他到其他地方去灌溉水田。

我第一次夜晚出来守水很兴奋。四周的蛙鸣声此起彼伏，天空中还能够看到一些星星。青蛙"呱－呱"的叫声很有节奏，天上的星星有时好像在向我眨眼睛……我数着星星，却总是数不清；侧耳听蛙鸣，青蛙们好像在对话，有问有答，很有意思。

望着天上的星星，我联想到了《西游记》中的玉皇大帝和大闹天宫的孙悟空，还张大眼睛努力寻找太白金星。《西游记》中一幕幕故事情景慢慢浮现在我的眼前。我陶醉了，仿佛自己也腾云驾雾飞上了天空，与孙悟空一起去偷吃王母娘娘的仙桃，飘飘然，好不舒坦……

当第一炷香快烧完时，我引燃了第二炷香等候伯伯回来。夜深了，天更冷了。此时，我突然听到不远处有狗叫，慢慢地引得周围的狗也叫了。狗的叫声此起彼伏，我有点害怕了，我记起大人说过"周围狗叫定有强盗"，吓得我打哆嗦，把身体蜷成一团。那一刻，我多么盼望伯伯

1 2　图 1. 安仁中学 60 周年校庆时赠送母校礼品
图 2. 在安仁中学大礼堂前与两位校长合影

马上来到我的身边啊。

一直等到第二炷香快烧尽时，伯伯终于回来了。我赶紧抱住父亲，差一点哭出来。伯伯见我独自在夜里完成了任务，还没有哭鼻子，就用他温暖的双手一边把我抱起来，一边说道："好娃娃，有出息。"

1952 年初，我刚刚考入安仁中学，学校还没有开学。一天，伯伯要我挑两斗大米去大邑县山区换两斗蚕豆种。据说，平原地区要种蚕豆，种子都要从山区弄来，产量和品质才好。那时，我挑两斗米没有问题，但要自己单独去 30 多里地外的山区，还是第一次。对方是伯伯认识的一位农民叔叔，伯伯给我交代了路线和地址后，我吃完早饭（农村在农闲时是一天两餐），挑上两斗米就赤足上路了。快要到达目的地时，体力有所不支，天又渐渐暗了，山谷中更显得昏暗，箩筐不时会碰上路边的树枝，走路更困难了。我又饥又渴，又饿又累，跌跌撞撞终于到达目的地。

当我敲开这个叔叔的家门时，叔叔惊讶得叫出了声："是一个娃儿啊！"原来，我伯伯没有告诉他来人是谁，好几十里的路程，叔叔以为是一个小伙子，但我当时才 12 岁啊。叔叔赶忙叫婶婶把晚饭给我送上，山区晚饭吃得早，叔叔家已经吃完晚饭了，为的是省点灯油。晚饭吃的是土豆和大饼，我家在川西平原，以大米为主食，没有吃过这样的大饼，虽然味道怪怪的，但肚子饿了，也觉得不错。晚饭后，我问叔叔："是什么饼？"叔叔笑着说："我晓得你们没有吃过，这是胡豆做的饼。"胡豆就是蚕豆，是山区的一种主要的农作物。

当晚我就住在这个叔叔家，第二天吃完早饭，我挑两斗蚕豆种回家。到家时已经下午了。往返走了近100里的路程，我的脚拇趾不小心被石头磕破，指甲盖掉了，疼得钻心啊！母亲寻了点草药，用嘴嚼碎后给我敷上，两天后脚拇趾就好了。

初中二年级那年，学校放了暑假，我回家劳动。当时农村农闲时，邻里乡亲们要做点小买卖，赚点零用钱。离我家50多里地的新津县山区，盛产地瓜，学名凉薯，甜甜的，可当水果吃。听说，当地地瓜的价格比安仁要便宜一半多。伯伯和邻里联合起来，到那里买来地瓜在安仁卖。运输的交通工具是"鸡公车"，也就是手推车，两个扶手一个轮子，两侧各放一个方框装货物。车推动时，轮轴与轴心摩擦，会发出类似公鸡叫的声音，因此得名。每车可以运输200多斤货物。

母校安仁中学的大操场依然如故，有横幅处是旧大门

一天，我们邻里一行十多人、十多辆鸡公车，一大早就离开家，浩浩荡荡地向新津县出发。乡亲们大多比我伯伯年轻，身体也很健壮，基本上是一人推一辆车。我伯伯年龄大，由我在车前拉车，帮助伯伯出力。我们紧赶慢赶，到了新津县市场时，赶集的人已经很多了，人来人往，非常热闹。我们分头去买地瓜，然后装车，吃点干粮就赶忙往回赶，准备赶第二天早上安仁的集市。

当我们推车赶回安仁镇时，天色已经暗了。从安仁镇到我家，必须穿过一片树林密布的坟地。说来也奇怪，当我们进入坟地时，天色更暗了，10多辆鸡公车"吱吱丫丫"地在坟地里穿行。不远处，西藏军区干校广播的歌声还不时传入林中。我们在坟地里转来转去好几遍，就是转不出去。我觉得奇怪，我每天上学都要经过这里，一般只需十来分钟。那晚那么多人却在坟地里转来转去好多次，仍然没有转出去。

"遇到鬼了！"有人突然喊了一声。记得老师讲过，夜晚在树林中容易迷路，表现之一就是转来转去出不来，这可能是大家太疲劳了老往一个方向转的缘故。我对大家说："停一下吧。"我不拉车，伯伯停下来，十多辆车也停下来了。其实，大家都很疲倦了，一天紧张地赶路，中午只吃了点干粮，身体"入不敷出"了。

我们刚刚停下来休息一会儿，一群在西藏军区干校大操场看完电影的乡亲们前呼后拥地走过这片坟地。看见我们在这里休息，觉得奇怪，就问我们："怎么不回家？"我们赶忙跟着这批人，

母校校区依然保持原貌

说说笑笑，很快就走出了这片坟地。

我不相信是"遇到鬼了"，但它给我留下了深刻的印象。那时的乡亲们要想赚一点零用钱是多么难啊！

刻苦钻研　一丝不苟

回忆我大半辈子学习、研究生涯与日常生活中，每每取得一点点成绩，每每有一点点创造性，都与"刻苦钻研，一丝不苟"分不开，都与一点一滴积累有联系。正如"水滴石穿"的道理。

以我的数学成绩而论，小学升初中考试成绩 100 分，高中考大学 100 分，毕业论文是先自己参考一篇德文文献解"气象噪音方程"……似乎我是数学"天才"。其实不是，全是一点一滴积累的。

我的家庭教师王寿彭教算数很有经验。其一，他并不细致地教授一步一步推导公式，而是提示你如何开始，其余事情都让学生自己去做。记得学习四则运算时，他教了"鸡兔同笼"后，就让我们自己去解决"龟兔赛跑"的问题。重点是要学生自己动脑、动手，举一反三。其二，他要求多做题，实践多了就"见怪不怪"了。其三，计算中一是一、二是二，你的计算公式立对了，如果算错，扣一半分。在王老师教授我们的时候，我已经学完所有小学阶段的算术课程了。

在我高中时期，遇到了一位数学林老师，他在课余经常给我"加料"。他曾经让我试用初等数学去解一道高等数学几何题，我解出来后，老师买了一本苏联多年大学入学考试试题汇编送给我，我没有辜负老师期望，全都做完了。当时，如果我一道数学题没有解决，我会偷偷在午睡时间算题，直到解题完毕。

再说我打乒乓球，好像有点"无师自通"，其实也是"刻苦钻研，一丝不苟"的结果。我所在的中学体育老师不会打乒乓球，没有人教我。但我非常喜欢，又崇拜当时的姜永宁、王传耀。怎么办？我省钱买了一本傅其芳的《乒乓球训练法》，自己照着书中的图片学习。例如，王传耀的高抛发球我就是这样学会的。开始我连球都碰不到，经过反复练习、改进，几天后就学会了。之后参加乒乓球比赛时，我喜欢穿一件印有"喀秋莎"的背心，也许是崇拜苏联的"喀秋莎"大炮吧。在安仁中学时，我结交了一位乒乓球球友，他是西藏军区干部学校的俱乐部周主任，他邀请了西南军区的乒乓球冠军李渡与我比赛，我虽然1：2输了，但找到了一位乒乓球好老师。

作者高中时期是乒乓球爱好者，喜欢穿这件背心参加比赛，一脸稚气

我从学习数学和练习乒乓球过程中，明白一点道理，"实践出真知"，也就是要"笃行之"；也悟出一点点科学研究的真谛，那就是"刻苦钻研，一丝不苟"。

"可怜天下父母心"

记得是在1951年，抗美援朝战争正热火朝天，中国人民志愿军和朝鲜人民军联合作战，完成了"釜山会师"。当时，我在安仁小学读高小，任学生会主席。一次，学校组织同学进行"釜山会师"的军事演习，分第一、第二两路军，我担任其中第一路军的军长。当伯伯知道这一消息时，立刻取出一瓶酒，倒了两杯，一饮而尽，还一定让我尝了两口。那晚明月高挂，伯伯兴趣盎然地给我讲带兵打仗的注意事项，什么"隐蔽自己、消灭敌人"，什么"兵贵神速"……俨然我真的要带兵出征的样子。我懂得伯伯的苦心，认真地听。后来伯伯还取出一根长棍，演练起刺杀动作来，还要我也练练看。现在想来，这大概是一位父亲"望子成龙"潜在意识的具体表现吧！

二、从理论性探索走向珠峰科学考察

1960 年 8 月，我所在的中国科学技术大学地球物理系同学分配专业完毕，我和孙寿椿、方宗义、李崇银、高子毅、张可苏、陈月娟、陈嘉滨、雷孝恩等 21 位同学分配到同一个专业。后来，陈月娟同学因病休学，毕业时为 20 名同学。本年级入学考试数学成绩满分的另两位同学张可苏和高子毅都在我们专业，可见本专业对数学要求很高。据说赵九章主任想把这个专业作为联系空间物理学与气象学之间的专业，所以起名"高空气象学"。后来，时过境迁，改名"天气动力学"。

中国科学技术大学首届地球物理系天气动力学专业毕业照（前排左起：陈高远、雷孝恩、高子毅、高登义、骆启仁、孙寿椿、王远忠，第二排左起：陈於湘、张可苏、张光智、陈定德、骆美霞、陈邦瑜，后排左起：李崇银、方宗义、陈嘉滨、温玉璞、杨义碧、任泽君、许熙）

难忘为郭沫若校长照相

这事还得从给我系 59 级同学办展览开始。

1959 年 6 月的一天，地球物理系赵剑琦副主任在全系大会上动员说："中国科大是为我国培养科学研究人才的摇篮，郭沫若校长号召我们要成为'又红又专、亦工亦农'的好学生。我们 58 级同学要给 59 级新同学做好榜样，要把我们第一年的学习情况，用照片和文字办一个图文并茂的展览。"说到这里，他看看大家，然后接着说，"为了办好展览，我们特别向学校申请了一架 120 海鸥牌相机，让同学们自己拍照，自己写文章，自己办展览。大家说好不好啊？"

会场响起热烈的掌声。

"好！哪位同学会照相？"赵副主任问话后环顾四周，大家你看我，我看你，没人回应。的确，我们系 58 级同学大部分来自农村，不要说会照相，还有没见过相机的呢！

尽管赵副主任亲切地看着大家，希望有同学会站出来，但仍然没有人回应。

"我会！"情急中，我猛然站了起来，对着赵副主任说。

立刻，同学们都把目光转向了我……有惊讶，也有信任。也许因为我很活跃，属于学校的"名人"，老师和同学们对我深信不疑吧。赵副主任亲切地把那架海鸥牌的 120 相机递给我，并叮嘱我好好拍照，好好保管。

当我接过相机时，是又激动又紧张，顿时觉得这架相机好沉啊！因为我只是上中学时在表哥的指导下拍过照片，从来没有单独操作过相机。

但我有一股永不服输的劲头，而且对新鲜事物有极强的好奇心。拿到相机后，我立刻去图书馆借了一本有关摄影的图书，对照着学习使用，很快就拍出了合格的照片。我与 58 级部分同学共同努力，为 59 级同学出了一期图文并茂的墙报，较好地反映了我们 58 级同学愉快的学习生活，完成了领导交给的任务。

1959 年 9 月 1 日上午，郭沫若校长参加了我校 1959 年新学期的开学典礼后，由秘书陪同，分头参观学校的几个学生食堂。

当郭沫若校长快要来到地球物理系的学生食堂时，我突发奇想：这不是拍摄校长参观食堂的最好时机吗？想到这，我迅速跑回教室，取来海鸥相机，幸好相机里还有胶卷。

郭沫若校长走进食堂后，我设法靠近，但室内光线太暗，没法拍照。

这时，我看见秘书陪同郭校长要离开食堂。我心想"有了"，赶忙提前跑出食堂，守在校长必经的路线，并急忙调好曝光度，卷好胶卷。

很快，郭沫若校长从食堂走出来，我紧紧跟随。当校长走到食堂科张贴的一份通知前伫立观看时，我赶紧按下了相机的快门……

第二天，当我在暗室中冲洗好胶卷，我激动了好一会。照片拍得比较清晰，捕捉到了郭沫若校长的侧面形象，遗憾的是，没有拍到校长的正面。

我拍摄的郭沫若校长

后来，在我科学考察生涯中，我与摄影结下了不解之缘，拍摄到了更多普通人难以拍到的珍贵照片。这些照片有的反映了地球三极云系变化与天气演变的关系，有的反映了人与自然和谐。回想起来，大学给我提供的拍摄机会在后来的地球三极科学考察中还真用上了。

科大校歌指引我们前进

我未入科大前，郭沫若校长已

经为科大创作了校歌《永恒的东风》，并邀请时任中国音乐家协会主席吕骥先生作曲。

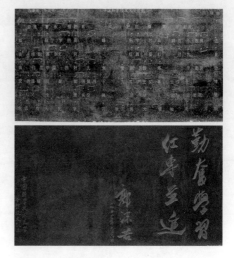

1 图1. 科大校歌
2 图2. 郭沫若校长题词

校歌的歌词是：迎接着永恒的东风，把红旗高高举起来，插上科学的高峰！科学的高峰在不断创造，高峰要高到无穷，红旗要红过九重。我们是中国的好儿女，要刻苦锻炼，辛勤劳动，在党的温暖抚育坚强领导下，为共产主义事业做先锋。又红又专，理实交融，团结互助，活泼英勇，永远向人民学习，学习伟大领袖毛泽东。

在开学的当天，吕骥先生亲临我校，一句一句地教我们唱校歌。那热烈的场面，记忆犹新。

1959年9月1日，郭沫若校长又为学校题词：勤奋学习，红专并进。我们的校歌和郭沫若校长题词都刻在石碑上，立于科大校园。

"科学的高峰在不断创造，高峰要高到无穷"告诫我们，科学研究要不断创新，永无止境！"又红又专，理实交融"教导我们，永远为祖国、为人类而学好本领，只有理论和实践结合才能有所创新；"刻苦锻炼，辛勤劳动"教育我们要踏踏实实、勤勤恳恳地去做科学研究，万事一点一滴从小事做起！

科大校歌铭刻我心，潜移默化地影响了我的科学事业与科学人生。

关键时刻不掉链子

在大学学习期间，我是学校乒乓球队队长兼团支部书记。那时，为了学会国家队优秀选手的"相同姿势发出不同的上下旋球"，我每天早起，穿上运动服，来到一间教室，把一张弹性好的桌子一端靠墙，中间竖一架算盘，苦练这种发球。逐渐发现很有成效，还总结出几点规律。手腕动作要小而快，瞬间力量要猛，上旋和下旋的差异才大，对方才看不清；掌握摩擦球的时间，球拍下切时碰球，下旋；向上移动瞬间碰球，上旋。检验发出去的球是上旋或下旋，看乒乓球是否碰墙后反弹跨过算盘回来。如果回来，上旋，如果被算盘拦住，下旋。我多次参加乒乓球比赛，以技术而论，我的发球技术比较有优势。

大学时期的标准照

那时，每年春、秋两季，北京市高校都要组织高校乒乓球七人团体赛。第一年，我校没有取得名次。第二年，学校 59 级来了几位乒乓球高手，其中有二级运动员王湘卿，乒乓球怪手陈红光等，学校希望乒乓球队有所进步。

1959 年的北京高校比赛，我校和北京航空学院等七所高校分在一个小组，小组循环赛产生的前三名进入决赛。为了摸清其他六校乒乓球队的情况，我队一方面派陈红光观摩同组其他队的比赛情况，另一方面和同组的球队举行友谊比赛。经过"摸底"，我和队友一致认为，与北京航空学院队的比赛成绩是能否进入决赛的关键。领队赵杰老师同意我们的意见。为此我队根据田忌赛马排序的思路，把取胜希望重点寄托在排序第三到第七的队员，就是要确保在排序第三到第七名的五个队员中拿下三到四分，争取在排序第一、二中拿下一分。我把自己出场排名从前一年第一改为第三。

同北京航空学院男子乒乓球队的比赛的确跌宕起伏，险象环生。

第一单打和第二单打，我们的队员都输了，0：2落后。

第三单打我上场了。我的对手是北航"三好杯"的冠军，他的正手攻球很有威力。领队赵杰老师鼓励我要"敢打敢拼"，建议我用搓球起板战术，压住对方反手，要把对方搓得难受，然后再伺机反手起板。

我坚决执行领队的战术，死死地往对方左侧搓球，不让对方正手起板攻球，自己却伺机反手起板进攻，尤其是反手直线球，频频得分。对方急了，频频失误，很快我拿下了第一局。

第二局，对方总结第一局教训，耐心地与我搓球，且时不时地把球故意送往我的右侧，避免我左侧起板，打得难分难解。在比分18：19落后一分时，我幸运地打出一个擦边球，19平。对方队员与教练先后向裁判提出异议，不服判决，并与裁判发生了争执。比赛暂停。

此时，我反而静下心来，平静地等待。我想现在是我发球，把我练的"相同姿势发出不同旋转球"的本领试一试。果然，也许是对方情绪波动吧，对方接连吃了我两个发球，比分很快变成21：19，我为中国

中国科技大学乒乓球校队合影［前排左1～左5：段文志、张静、彭世蓉、赵燕萍、丁玲；后排：陈红光（左1）、王湘卿（左2）、高登义（左4）、余老师（左5）、王世林（右4）、王立可（右3）、王玉贵（右1）］

科学技术大学代表队取得了第一分。

第四单打，我们的怪球手陈红光很快以 2∶0 的比分取胜。

全场比赛一直打到第七单打才见分晓，我队王玉贵顶住压力，2∶0 获胜，中国科学技术大学代表队以 4∶3 的比分险胜，取得小组第三名，进入了北京市决赛，最后，在参加决赛的 12 支队伍中取得第九名。

回顾这场比赛，我认为，我们队之所以能够险胜对方，一是因为"排兵布阵"做到了"知己知彼"；二是就我个人而言，是因为我战胜了自己，战胜了单纯"为打得漂亮"，为要"面子"打球；三是以己之长压住了对方之短。我最后两个特殊发球是苦练巧练的结果啊。

乒乓球团体赛有利于培养队员的"集体主义"精神，要取得集体的胜利，必须摆正个人在集体中的位置，发挥"螺丝钉"的作用。我作为队长，组织领导的能力得到锻炼，这也为后来我能组织大规模科学考察打下了基础。

理论性的毕业论文

1962 年 8 月，我们开始写毕业论文。我的指导老师是叶笃正研究员。除我以外，叶老师还指导方宗义、骆美霞同学。

我的论文题目是《西风气流中基本场的适应与发展过程的若干个例计算》，叶老师的意图是，通过计算分析大气中的风场与气压场之间如何相互适应。说实话，我当时根本不懂何谓"适应"。起初导师给了我一篇德文文献，是关于求解"气象噪音方程"的文章，要我先读懂，然后就能够去解析。真是"当头一棒"，我一、二年级外语学的是俄语，三、四年级才学习英语，突然给我一篇德文文献，我得"从头学起"啊！我有些"想不通"，那么多的英文文献，为什么非要我读这篇德文文献呢？

叶老师好像能看穿我的思想，严肃地对我说："关键还是看你对于数学方程的推导和理解，个别德语关键词不会，我已经给你找了一位老师。"

　　还好我的数学基础还不错，方程推导和解方程过程不久就通过了。从叶老师的言谈话语中似乎流露了一点点对我"满意"的意思。

　　把解析解用傅立叶级数展开，选取前30项计算。导师从地球物理所第二研究室借出一台手摇计算机供我使用，已经特殊了。尽管我不断想办法在计算方法上省时间，且常常加班加点，老师还是不放心。

　　一天，地球物理系办公室汪关成秘书通知我，要我第二天中午去叶老师办公室。我知道是关于论文的事，但具体是什么事，汪秘书也不知道。

　　我按时到了叶老师的办公室。我敲门，得到允许后，推门而入。此时，叶老师正在批评一位同学"不爱护书籍"，因为她手指沾口水后去翻一本国外的大气科学杂志。

　　一会儿，老师简单询问我论文计算情况后，给了我几张白纸，要我把用傅立叶级数展开的公式默写在纸上。我没有敢问"为什么"，立刻坐下来，认真地抄写我的计算公式，一共抄了A4纸满满三页，我认真检查后交给了老师。他看了看，说："抄得还很快啊！"我也不知道是表扬还是什么意思，我得到老师允许后离开了。

"马和牛能相加吗？"

　　一个月后，我又接到系办公室汪秘书的通知，让我中午去见叶笃正老师。我一进门，老师就生气地高声质问我："马和牛能相加吗？"

　　"不能。"我迅速回答，但心里打着鼓。

　　"那你为什么要相加呢？老师把三张纸从桌上拿起来要我看。那是一个多月前老师要我当场默写的数学公式，满满三页。我猜是抄写的计算公式中有错，赶紧拿过来仔细检查，不多久查出了错误。原来，在用单波分析方法求解"气象噪音"方程组的第二组解（重力快波）中，系数 $A=F(n, m, f, L, gH)$ 中的某一项错把 n^2 写成 n 了。我改正后交还给老叶师，指出错误的地方。

老师并没有原谅我，继续严肃地说："搞科学要认真，马虎不得！你知道你这一错，国家浪费多少钱吗？计算机错算了好几个小时，我们要等多久才能够轮到一次上机计算的机会……"老师的情绪还是没有平静下来。我明白了老师的苦心：由于我的论文计算量特别大，而我的计算结果又与风场和气压场之间的适应问题密切相关，为了校对我计算的结果，老师让所里的同志到中国科学院计算所去用计算机计算。本来我对老师的批评还觉得有点委屈，认为"那么几十项公式，谁能不出一点错呢？"听了老师这番话后，我不觉得委屈了，走上前，诚恳地向老师认错，并把我刚才心里的想法都说了。

奇怪，老师不生气了。口气缓和了很多，他对我说："上一次我是考考你，看你对这篇论文计算公式的熟悉程度，当时你能很快把那么复杂的公式默写出来，我心里还真高兴呢！现在你知道错了就好，回去好好算。我相信你能算出好结果！"

回到学校，我认真地计算分析，取得了较好的结果。我的毕业论文计算结果被叶老师和李麦村老师写入论文《重力波引起的非地转运动产生的过程》，发表在1964年的《中国科学》上，之后又收入1965年由科学出版社出版的《大气运动中的适应问题》一书中。下图是书中采用的例二结构图。

叶笃正老师这种对科学研究严谨认真的态度深深影响了我，我在后来的地球三极科学考察过程中，从立题论证、观测设计、资料整理到分析计算、撰写成文都非常仔细、认真，以"求真务实"严格要求自己。

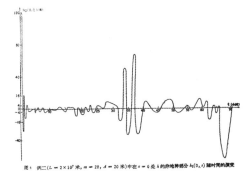

毕业论文中计算例子之二的结果图

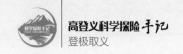

张瑞忠在西藏科学考察

承担国防任务

1964 年 7 月，按照中国科学院制度，一年实习期满后，经考核，我顺利转正，成为一名研究实习员，可以进入课题组做科学研究工作。

没有想到室领导决定，让我负责承担国家某部门的一项国防科研任务，逐月提供下一个月东南亚高空风气候状况，时间暂定为一年。组里有两位比我早两年进入研究所的吴春泰、张书楷和一名统计人员刘循行，刚刚转正的我担任了课题组组长，这在我们研究室还是第一次。

世事难料，后来吴春泰为了夫妻团聚，早就调入江苏扬州气象局；张书楷因为意外事故早已离开人世，我所人事档案没有存档，连标准像都找不到了。好在我的朋友张瑞忠曾经在扬州市政府挂职多年，通过扬州气象局人事部门找到了吴春泰存档的标准像，了却了我的心愿。这是题外话。

我组工作的任务是，在月末提供下一个月东南亚地区高空风的南北分量和东西分量分布状况。之后的事情与我们无关，我们也不得打听。

接受这项国防科研任务后，我的心情久久不能平静。我出生于地主家庭，竟然在刚刚转正就担任了课题组组长，而且还是国防科研课题，的确很感动。我怀着"感恩"的心，决心与组里同事一起圆满完成组织交给我们的光荣任务。

这项任务要求很高，必须准时交稿，难度不小。关键的问题在于，如果选取当月的东南亚高空风资料来推测下月的东南亚高空的东西风和南北风分量，当然效果会好，但根本没有时间分析研究；如果选取上一个月的东南亚高空风资料来分析推测未来第二个月的东南亚高空东西风和南北风分量，时间充裕，但时效就差了。经过讨论，我组选择了折中方案。例如，为要推测 7 月东南亚地区的高空风南北和东西分量分布状况，我们选取当年 5 月 11 日到 6 月 10 日的东南亚地区高空风资料，通过分析研究来提供 7 月的东南亚高空风南北和东西分量分布状况。这样，从我们取得 6 月 10 日的资料后，还有 20 天的时间进行分析研究和总结。

工作步骤是：1. 从国家气象局资料室抄取东南亚地区的高空风资料；2. 将高空风分解为南北和东西风分量；3. 从已有的东南亚地区平均（上月 11 ～ 本月 10 日）南北和东西分量分布推测下月东南亚地区高空风南北和东西风分量分布可能情况。

当时，正是中国科学院地球物理研究所与国家气象局联合工作最佳时期，成立了"联合资料中心"和"联合预报中心"，资料中心主任是我所的气候学家张宝堃，预报中心的主任和副主任分别是顾震潮、陶诗言，气象局资料室专门给我们所留有办公室，如果有当天没有抄完的资料，可以放在我们的办公室，不用当天归还。

第一个月的工作很辛苦。我们用了近 7 天时间从国家气象局抄取我们所需要的资料。可在将高空风资料转换为东西风、南北风分量时，却费劲多了，我们夜以继日地加班，花去 10 天，留给分析研究的时间只有 3 天，尤其是要推测下一个月的高空风情况，太难了。我们最后还是按时交了卷。

我记得，第一次去某国防部门汇报工作，是由我所二室的党支部副书记许有丰带我们去的。对方很重视，研究所所长、三个研究室主任都来了。我在一群身穿军装的军官面前汇报研究工作，的确有点紧张。当我们汇报完毕后，对方所长客气地感谢我们，希望我们工作开展得越来越好。

1 2 　图1. 张宝堃老师指导我如何更好地翻译科技英文文章
图2. 工作时的陶诗言老师

　　其实，我们心里明白，我们的研究成果还需时间考验。

　　第一个月工作结束，两位组员因为连续加班，累得生病了。

　　工作量最大的是把高空风分解为南北和东西风分量。我们是通过高空风的风向查取其正弦和余弦值，再乘以风速，分别得到东西和南北分量。这项工作几乎占总工作量的一半。为了提高效率，我想尝试新方法。为此我抽时间制作了一张大表，上面列出风速 1 ~ 50 米 / 秒与其风向正弦和余弦值乘积的南北和东西分量，仔细研究它们之间的关系。经过一天的努力，我发现了在相同风向条件下，风速变化与东西风分量、南北风分量之间的规律，只要记住某个风速的东西风分量和南北风分量，随着风速变化，可以推测其南北风和东西风分量的变化。据此，我花了 4 个早晨记下了风速 1 ~ 50 米 / 秒、风向角度从 0 到 359 度的南北和东西分量值。原来 4 个人的工作量现在只需要一个人就能完成。

　　在一年间，我们组按月准时向有关部门提交书面报告，并当面汇报，深得国防部门的好评。

活学活用毛主席著作

1964 年全国开始提倡学习毛主席著作，要求"活学活用"。我所在的地球物理研究所第二研究室曾经为中国科学院培养和选拔了全国科技界的"三面红旗"——顾震潮、周秀骥、巢纪平。中国科学院也想把我们研究室树立为活学活用毛主席著作的典型。记得当时学习的重点是毛主席的《在延安文艺座谈会上的讲话》和《实践论》。前者是解决知识分子为工农兵服务的问题，后者是解决如何服务的问题。我印象深刻的是，在讨论为工农兵服务的问题中有一个新观念，就是不提"落后分子"，改称"后进分子"，强调各级党组织要把"后进分子"转化为"先进分子"，以调动知识分子一切积极因素为工农兵服务。

研究室领导把那两位同事分到我组时，曾经语重心长地对我说："他们两位是我们研究室的后进分子，你要通过完成国防研究任务，转化他们为先进分子。"当时各大报经常有报道"转化后进分子为先进分子"事例的文章，我从心里赞同。其实我知道，这两位同事和我有相同点，

叶笃正先生 80 华诞活动留影（站立者左 1 周秀骥、右 5 巢纪平）

就是家庭出身都不好；也有不同点，就是他们两位的家庭包袱比较重。为此，我诚心诚意地与他们交朋友，与他们谈心。记得有一天晚上，小组在同事刘循行大姐家开会，学习讨论《在延安文艺座谈会上的讲话》。我坦率地谈了我的想法，诚恳地说："我的家庭出身是地主，父亲是国民党军官，还是大地主刘文彩的亲戚。我真的没有想到，室领导会把这样重要的国防任务交给我负责，我非常感激。我感激两位师兄、一位大姐和我一起来完成这项任务。就从感恩出发，都应该全心全意地投入这项研究工作。我和两位师兄的家庭出身都不好，我们都应该感谢领导把如此重要的国防任务交给我们来承担。"说到这儿，我激动得流出了热泪。两位师兄也是性情中人，也说出了他们的心声，"如果不好好完成国防科研任务，我们就愧对室领导，也愧对自己良心！"记得那时组里三位男士都没有结婚，只有统计员刘循行是老大姐有家有孩子，我们晚上加班晚了，她常常请我们去她家吃饭，在她家讨论工作，学习毛主席著作。组里人人都在为能够承担国家重要任务而心情舒畅。

说实话，在那个年代，敢于把学习毛主席著作放在同事家中进行，放在晚上，边吃边谈心，太不严肃。但我觉得有效，而且组里同事的情绪越来越高，有什么不好呢！就这样，我真心地与同事进行心与心的交流，大家和谐融洽，心情舒畅，主人翁的精神激发了我们的工作热情。

天气动力学班部分同学合影（后排左3雷孝恩，前排右1陈月娟）

大家发挥各自的特长，全心全意、一步一步、踏踏实实地抄录资料，分析研究，按时保质地完成国防任务。

一年的国防科研任务圆满完成，两位师兄积极工作，精神面貌有了很大改观，研究室以我组"活学活用毛主席著作，完成国防任务优秀，转化后进分子为先进分子进步突出"为由，

全室同事在八达岭合影（后排左 3 周家斌，前排左 3 高登义）

评选我们小组为"活学活用毛主席著作的先进集体"，并安排我在全所发言，介绍活学活用毛主席著作的先进事迹。在介绍我们组同事如何努力工作、圆满完成国防任务时，我提到了如何提高计算东西风和南北风分量速度的事。叶笃正老师提问选择了几组风向风速资料，要求我当场回答它们的东西和南北分量，我都准确地回答了。

我组的成果《东南亚高空风气候分析研究》获得了 1965 年度中国科学院科学技术成果奖。同事吴春泰代表小组在中国科学院成果展览会上做了一个月的讲解员。

我在组织完成这项任务过程中，除了在科学研究方面有所收获以外，还初步体会到"以身作则、以心交流、团结同事"的重要作用，也初步懂得"人的主观因素"是完成科学研究的重要动力。这为我之后在科学

二、从理论性探索走向珠峰科学考察

研究中以"和谐为贵"的指导思想奠定了一定的基础。

就在获得上述荣誉不久，1965 年 12 月的一天晚上，我接受了研究室党支部副书记许有丰交给我的珠峰科学考察任务，并按照组织保密要求，

1958 年高登义和弟妹们的合影（前排左起：惠文、登信、惠贤，后排左起：登礼、登义、登智）

保证在珠峰考察期间，不与家人联系。

也可能我作为组长承担 1964 ~ 1965 年的国防任务完成很好，室领导就把珠峰科学考察的"绝密"任务交给了我。对于组织的信任，我打心眼里感激。

当我即将参加珠峰科学考察"绝密"任务的消息被团支部书记雷孝恩知道后，他以团支部名义为我组织欢送会。他的好心却带来意想不到的后果。

欢送会在地球物理所大楼最顶层的 401 房间举行，第二研究室的青年人几乎都参加了。团支书雷孝恩主持。他说："同志们，我们支部的高登义同志明年要参加珠峰科学考察，这是一项光荣而艰巨的任务，也是我们团支部的光荣。"说到这，大家为我鼓掌。"今晚的欢送会是团支部组织的，大家自愿参加。"他接着说，"我代表团支部希望高登义同志圆满完成这一光荣任务。"支书讲完后，同志们即兴发言，有表示祝贺的，有说希望的关心之情溢于言表，令我感动。北大毕业的周家斌是诗人，他即兴写了一首诗为我送行，其中有两句"高登去登高，豪

气冲云霄"，我至今还记忆犹新。正是因为这首诗，给我留下了"高登"的爱称，至今在我所的老同志中广为流传，就连我的老师叶笃正先生也叫我"高登"。

可在欢送会进行中，党支部副书记许有丰出现了，他中止了这个会，理由是绝密任务不许公开举办欢送会。大家只好扫兴而去。我不知这是因为团支书雷孝恩没有事先向党支部请示的结果，还是这项任务真的"绝密"到这种程度，但我心里明白：必须小心执行这项任务。

由于珠峰科学考察是"绝密"任务，在执行任务期间，我按照组织规定，没有告诉家人和亲友，并停止写信。时间长了，家人着急，到处打听我的消息。事后得知，四弟登智在打听我的下落时还出了笑话。一天，四弟在四川大邑县城遇见一辆写有"中国科学院"字样的卡车，他以为可以打听到我的消息，赶忙去问司机："师傅，你知道高登义在哪儿？"司机愕然："他是哪个单位的？""他是中国科学院地球物理所的。"弟弟回答。司机是个老师傅，笑着说："中国科学院大得很，不晓得。"后来，当弟弟告诉我这事时，我对他说："科学院有几万人，很难彼此认识；即使同在一个研究所，好几百人，也不一定都认识。"难得弟弟一片心啊！

三、从天气预报实习到中国登山天气预报

我所在的中国科学院地球物理研究所第二研究室，有一间"天气实习室"，供新来的科研人员学习天气预报。所有新人都必须在天气实习室实习 3 年，每周轮流值班预报天气。经过连续 3 年的天气预报实践，加深认识影响我国主要天气系统演变，为进一步研究欧亚大气环流演变规律以及我国天气预报提供新的思路和方法，打下坚实的基础。

"天气实习室" 3 年

当时，"天气实习室"由 1956 年毕业的李玉兰同志负责，我们尊称她"主任"。主任的责任是安排每天分析天气图人员，安排每周担任预报主讲的人员，并指导我们正确地分析天气图。李玉兰主任不仅能够

1 2 图 1. 李玉兰主任与我儿子高峰（左）和她女儿王晖
图 2. 李玉兰主任（前左）和我家人在一起

同事们看望前辈朱抱真先生（左2）（右3黄荣辉、左1高登义）

相当准确地分析天气图上的天气系统，而且手绘的等值线流畅漂亮，我们戏说是一幅美丽的图画。当时的天气室设在地球物理所大楼401室。每周天气会商的时间是周六下午。第二研究室的研究人员包括陶诗言、顾震潮、叶笃正、杨鉴初、朱抱真、潘菊芳等前辈都会参加。

　　第二研究室把天气实习室视为正式的天气预报台，完全按照正规的天气预报程序进行。当周预报主班的任务有二，一是根据天气实况检验上周天气预报的结果，指出不足之处，并尽可能找出原因；二是分析一周来天气演变形势，给出未来一周的天气形势展望和3日内的天气预报。每次预报会商过程中，研究室的前辈们都会即兴发言，点评上一周和当天主班的预报思路与方法的优缺点，重点讲解所遇到的天气系统特点，让我们这些年轻人不仅学到了前辈天气预报的精髓，而且加深了对欧亚地区主要天气系统的认识，受益匪浅。

　　我也在这个天气室中经过了3年的天气预报实践，并从中学到了许多书本上学不到的思维方式和方法，为后来参加我国登山天气预报奠定了良好的基础。例如，陶诗言老师有一句话令我终生难忘。他说："要做好天气预报，首先在你的脑海中要储备欧亚天气系统在不同季节演变的模型，随时都可以为你提供预报的思路和方法。"老师强调说，"如果我们能够把这些影响东亚天气气候的天气系统演变规律牢牢铭刻在脑海里，那么，制作我国的天气预报就有非常好的基础了。"

陶诗言先生（左）75华诞与叶笃正先生合影

这就要求我们必须非常熟悉欧亚天气系统演变规律及其对天气要素的影响。而要做到这点，我们必须认真研究并善于总结。当时印象最深的就是东亚大槽演变对我国天气预报的重要性。叶笃正和顾震潮前辈，经常强调青藏高原对于西风急流的分支作用，影响青藏高原和我国长江流域以南的天气变化最大的是被分支后的南支西风急流，国外也叫副热带西风急流。

1966年，在我去珠峰科学考察之前，曾经专门请教过叶笃正和陶诗言老师。叶老师建议我带上《西藏高原气象学》，便于指导科学考察，还可以研究这本书中的不足。陶老师则建议我带上所资料室里保存的春季欧亚天气形势图，以便随时查询。我采纳了两位老师的建议，将资料装满一个大铁箱带上了珠峰。

与绒布寺住持话今昔

1966年2月底，我随同中国科学院青藏高原科学考察队冰川气象组来到了珠峰大本营绒布寺。

刚到这里，科考队的帐篷不够用，我和队里几位年轻人被分配住到绒布寺，前后20来天。住进绒布寺第一个晚上，是由科考队领导华海峰领着我们4人与绒布寺的住持联系。在黑幽幽的寺庙中，一位小僧人手举小灯笼走在住持前面，我们紧紧跟随。三转两转来到一间很大的殿宇，高高的屋顶，没有灯，四周都是奇怪的壁画，令人害怕。住持特别强调不能点火，不能触摸壁画，要保持清洁。说完，单手放在胸前，向我们告别，口里还念叨着："善哉！阿弥陀佛！佛祖保佑施主！"

我们拿出自己的鸭绒睡袋等设备，关掉手电筒悄悄地入睡了。

在那些日子中，住持时不时来看望我们，我们得以有机会向住持请教问题。一天晚上住持又来时，我趁机打听绒布寺的来龙去脉。他一声"善哉"后，详细地介绍了绒布寺的历史。

早在明末清初，建在珠峰北坡的绒布寺叫"大绒布寺"，南坡的绒布寺叫"小绒布寺"。小绒布寺的住持是由大绒布寺任命的，每年末小绒布寺的住持都要到大绒布寺朝拜和进修。1960年之后，小绒布寺的住持虽然不再由大绒布寺任命，但还是要到大绒布寺朝拜。由此可见，1960年之前珠峰是完全在我国境内。

在与住持的多次接触中，得知住持出生在日喀则，曾经留学英国，会三种语言，英语会话非常流利，汉话说得也不错，藏语是他的母语，就更不用说了。谈话中，他渊博的学识和对祖国深深的爱令人钦佩。

可惜20天后，我们4人住回帐篷，从此与绒布寺住持失去了联系。

1966年珠穆朗玛峰北坡未被破坏前的绒布寺

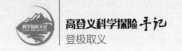
偶然进入中国登山队气象预报组

一天我和冰川气象组的沈志宝一道去登山队气象组拜访，正巧遇到他们在讨论天气预报，组长彭光汉客气地要我们俩一起参加。

看到气象组挂在帐篷壁上的几幅欧亚天气形势图时，我的眼前一亮，仿佛回到了我们研究室的天气实习室。我一边认真地听他们讨论，一边仔细察看近3天来500百帕天气形势图演变，立即有了自己的预报思路。

轮到我发言时，我参照在地球物理所第二研究室讨论天气预报的思路和方法，回顾了3天来500百帕天气形势演变特点，指出南支西风带上的低压槽和高压脊变化，提出未来3天可能的天气形势演变，并建议重点抓住南支西风带上低压槽和高压脊变化。

我的发言引起了登山队气象组组长的兴趣。讨论完毕，彭光汉组长单独约见我，热情邀请我参加他们组的天气预报工作，但是中国登山队和中国科学院科学考察队是兄弟单位，双方都有各自的领导，我做不了

1　2
　　3

图1. 1966年彭光汉在珠峰北坡大本营
图2. 50年后我与彭光汉重逢
图3. 彭光汉在女儿（右）陪伴下来到我家

主，就建议他通过登山队领导同我们科学考察队领导联系。

彭光汉很执着，当天就向登山队领导许竞、王富洲汇报。第二天，科学考察队领导冷冰书记就约我谈话，征求我的意见。我表示同意，但要向地球物理所领导汇报。

通过电报联系，陶诗言老师代表地球物理所第二研究室很快发来指示，"同意高登义同志参加登山队天气预报"。彭光汉组长任命我为登山队气象组副组长。

说真心话，光汉是我从事登山气象预报的引荐人，是我在科学考察道路上遇见的又一位"贵人"。

记得我有位大学同年级同学，在40年后聚会时，她热心地给每个同学"看手相"，看到我时曾说："你在关键时刻几乎都有贵人相助。"这也许是巧合吧。

珠峰天气预报的教训与决心

根据彭光汉组长的安排，我主要负责高空风预报，即7000~9000米高度上的风向风速预报。我根据在所里"天气实习室"学到的知识，制作了4个预报工具：1. 在300百帕等压面上沿东经75°和东经90°的风向风速时间剖面图；2. 在300百帕等压面上沿东经75°和90°的高度值时间剖面图；3. 在300百帕等压面上沿北纬40°和30°的高度值时间剖面图；4. 在300百帕等压面上沿北纬40°和30°的风向风速时间剖面图。前两张图是用于监视高空天气系统自西向东移动的情况，后两张则是用于监视高空天气系统自北向南移动的情况。做预报时，综合使用上述4张图来判断是否有西风带上的天气系统自西北向东南移动，从而预报珠峰北侧7000~9000米高度1~2天的风向风速。

1966年春，我们做了3次珠峰地区7000~9000米高度的高空

风预报，1～2天的风速变化趋势基本可信。但风速的定量预报不准，也曾带来沉痛的教训。

1966年4月21～22日，上述后两张图显示，北支西风急流迅速南下，948位势什米等高线从北纬35°南下到北纬25°。另外上述前两张图也显示，一个25米/秒以上的大风中心自西北向东南移动。据此，4月22日在登山气象组的天气会商中，我预报4月23日风速要加大，但风速加大多少，大风维持多长时间，我没有把握。讨论中，我的预报没有得到组内预报员的支持，未能列入气象组的预报结论中。

当时，中国登山队副队长张俊岩同志正率领第二分队从7600米营地向8100米营地运送登山物资，突然遭遇大风袭击，在没有得到气象组预报的情况下率队下撤。在大风中通过7600～7400米的大风口（又称"狭

1 图1. 在珠峰大本营，中国登山队政委王富洲与队友握手告别
2 图2. 1975年中国科学院珠峰登山科学考察队合影（前排右3冷冰，左3高登义）

管效应"地区），有 4 位队员的登山包被大风吹下山谷，16 位队员有不同程度的冻伤。当我和彭光汉组长一道去看望冻伤的队员时，得知他们有人要被截去手指、脚趾，内心既悲痛又惭愧。我希望他们能批评我们，但他们都沉默不语。当我们要离开时，一位受伤的老队员说话了："我只担心明年的登顶任务能不能完成。"短短一句话，既是他对自己身体的担忧，也是对我们气象预报水平的担忧。"登山天气预报的确重要，它关系到登山队员生命安全啊！"我暗下决心，一定要提高登山天气预报水平！

5 月 18 日，结合学习中国科学院关于中国科学研究"赶超世界科学水平"的文件后，我郑重地给院党委写信，表示"要把国家登山队天气预报任务作为珠峰天气学考察研究任务的重要组成部分，在登山天气预报中，虚心向气象组的预报员学习，带着深厚的阶级感情，做好珠峰登山天气预报"。

就这样，我在青藏高原山地气象科学考察研究过程中，不仅发现了一些山地天气气候变化规律，而且也为我国登山队攀登珠峰、南迦巴瓦峰等做了越来越准确的气象预报。登山天气预报实践为我们提出了科学考察研究的课题，通过科学考察研究我们发现了新的山地气象规律，并利用这些新规律指导我国登山气象预报。

珠峰科学考察初见成果

1966 年我参加珠穆朗玛峰科学考察主要是在国家登山队气象组度过的。中科院的气象科学考察任务，一部分是同事沈志宝在 6300 米考察完成，另外一部分由我负责，在大本营收集分析研究珠峰的气象观测资料，并进行登山气象预报的实践总结。

在这期间，我在陶诗言老师的指导下，撰写了《攀登珠穆朗玛峰的气象条件》《珠穆朗玛峰的云》《青藏高原对大气环流和天气系统影响的初步探讨》，与沈志宝合作撰写了《珠穆朗玛峰北坡的局地环流和冰川风》。这里特别要强调的是，《攀登珠穆朗玛峰的气象条件》一文，陶诗言老师虽然没有署名，但是论文从思路到结构都是陶老师设计的，文章也经过他修改。让我稍感安慰的是，在 1980 年发表的论文《攀登珠穆朗玛峰的气象条件和预报》中，陶诗言老师终于署了名。

我于 1966、1975、1980、1983、1984、2003、2008 年先后多次为我国登山队攀登珠峰、南迦巴瓦峰做登山天气预报。1984 年被中国登山队誉为"珠峰天气预报的诸葛亮""西藏气象的眼睛"。2003 年 5 月 11 日到 21 日，我应邀在中央电视台演播室《珠峰气象站》栏目中，进行珠峰登山天气预报的实况转播，有幸准确地预报了"5 月 16～18 日没有宜于攀登珠峰的天气"，"5 月 21 日起有 3 天以上的攀登珠峰好天气"。2008 年奥运圣火在珠峰采集时，我作为珠峰天气预报的顾问，提出"5 月 6 日后有 3 天是宜于攀登珠峰的好天气"，与在珠峰大本营的气象组共同为奥运圣火的传递做出了贡献。

在完成多次攀登珠峰和南迦巴瓦峰天

2003 年 5 月，与主持人王小丫女士一起在央视做登山天气预报实况转播

图1.我全家福（前排左起：高原、外婆刘玉霞；后排左起：高峰、杜生渝、高登义）

图2.杜生渝为我誊写论文的手稿

气预报过程基础上，我撰写并发表了3篇相关论文，并在《中国山地环境气象学》一书中，以第三章一整章的篇幅，论述了人类对于各种山地环境气象条件的适应问题。

珠峰科学考察成果的多样性

我在参加1966年珠峰科学考察过程中，途经兰州，并在兰州进行身体训练。其间结识了兰州回民中学的语文老师、北京师范大学1964年中文系毕业的高才生杜生渝女士。不久我们结为终身伴侣，并生育了两个儿子高峰和高原。高峰的名字寓意珠峰科学考察，高原寓意青藏高原科学考察。

1974年底，中科院大气物理研究所把我夫人杜生渝调入本所。之后，我的学术论文大多由她帮我做最后的文字润色和语法修饰，并誊写清楚后，送交相关出版社。

的确，一个男人的成功离不开女人的支持，在此要特别向她致谢！

三、从天气预报实习到中国登山天气预报

难忘恩师们的教诲与鼓励

回顾我从中科院地球物理研究所第二研究室的天气实习室走上中国登山气象预报的道路，除了恩师陶诗言先生外，杨鉴初、朱抱真研究员的指点和帮助也终生难忘。

在我上大学期间，陶诗言老师为我们讲授《天气学》课程。毕业后虽然没有直接在陶诗言老师的门下工作，但在"十年动乱"期间，中科院基本停止了科学研究，而我却忙于青藏高原及天山山脉科学考察的时候，老师对我的科学研究的确起到了启蒙作用。

1963 年初，记得我班部分同学在中央气象局的气象台毕业实习。一个星期天，班里要我去请陶诗言老师来讲课。那时陶老师家里没有电话，我只能乘车去老师家当面邀请。

我和老师一道乘 320 公共汽车到中央气象局。

陶诗言老师是我国气象学的权威，我当然要抓紧机会向老师请教。在从汽车站到气象局的途中，我们谈到了挪威气象学家的欧洲大气锋面模式时，我冒昧地问："陶先生，您为什么不给出亚洲大气锋面模式？"老师深沉地对我说："我也想啊，但没那么容易！必须积累相当的天气资料，并要与欧洲大气锋面模式有相当的不同才行啊！不过，你能想到这个问题，很好！"老师的鼓励令我高兴，但老师那样的深沉，我当时并不理解。数十年后的今天我才明白，因为挪威气象学家提出的欧洲大气锋面模式是气象学发展史上的第一个里程碑，要突破它谈何容易啊！

刚进研究所时，我被分配在气候学家张宝堃老师的门下。当时，在研究所里流传"气候不如天气，天气不如动力"。我的毕业论文是典型的"动力"范畴，但被分到气候学家的门下，虽然没有什么情绪，但心里总觉得有点遗憾。一天，我正在所图书馆按照张宝堃老师的吩咐翻译美国杂志"Science（科学）"刊登的一篇文章，陶先生正好也在图书馆看书。陶老师向我走过来，先问我在看什么。当老师知道我正在按照张宝堃老师的吩咐，每周翻译一篇"Science"刊登的文章时，关切地对我说："张老这样严格要求你，你要好好珍惜！叶先生把你分配到张老的门下，是要你好好向张老学习传统气候学的研究方法，将来开展气候动力学研究，这可是一个新的研究领域啊！"陶老师的话在我耳边回旋，细细琢磨，原来是在做我的思想工作啊！

近年来，随着人们对攀登珠峰的兴趣高涨，关心攀登珠峰气象预报文章的人越来越多，似乎我也变得有名了。随之而来的头衔也多了，什么"给地球号脉的人""珠峰天气预报的诸葛亮"，什么"西藏气象的眼睛"……然而，人们并不知道，我是在陶诗言老师的鼓励和指导下成长起来的啊！1966年底，"十年动乱"已经开始，我在原地球物理所大楼的最顶层的小屋子里撰写珠峰科学考察总结报告。因为当时的珠峰科学考察是绝密任务，这间高个子都不能站直的小屋一般是不能让人进来的。但陶诗言老师是指导老师，所以例外。一天，我向陶诗言老师汇报总结题目后，老师很认真地对我说："你为什么不写一篇关于攀登珠

在庆祝陶诗言老师75华诞座谈会上，陶老师（右）与学生徐飞亚谈笑风生

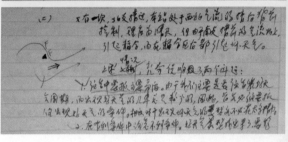

峰天气预报的文章呢？"老师的提问很突然，我毫无思想准备，不知该说什么好。我想，在中国科学院是不搞天气预报的，人们也不看好天气预报的文章，我才参加一次攀登珠峰的天气预报，恐怕没有什么好写的。老师看出了我的犹豫，认真地说："珠峰是世界最高峰，今后一定是登山者关注的地方，这是第一；第二，正因为珠峰天气预报时间长，是超中期天气预报，难度大；第三，珠峰天气预报与国家任务紧密相关，而且当时就能

1966 年 11 月 19 日，作者请教陶老师后在笔记本上追记的原始记录

检查预报结果。仅这三点，就值得研究，值得总结，值得写！"老师的三个"值得"感染了我。

在我撰写这篇论文的过程中，陶老师从题目、提纲到对文章的逐字修改，都付出了心血。其中让我印象最深刻的是，1966 年 11 月 19 日，陶老师以他自己在为我国火箭发射基地做天气预报中的教训告诫我，在制作珠峰天气预报中，一是要抓住主要矛盾，预报出宜于攀登珠峰的好天气时段；二是要在有利于攀登珠峰的好天气条件中，密切注意出现不利于攀登珠峰的坏天气条件。听完老师的教诲后，我立刻在科研笔记上认真追记了老师的谈话，并绘制出老师讲述的天气环流示意图。

后来，我先后发表了《攀登珠穆朗玛峰的气象条件》与《攀登珠穆朗玛峰的气象条件和预报》两篇论文，第二篇的第一作者署名是陶师言老师。

陶师言老师和我共同署名的论文曾经多次被国内外的登山家复印、

阅读，作为预报参考。美
国登山队在攀登珠峰前还
专门托中国登山队王富洲
要这篇文章的复印件，并
提出希望把文章的大小标
题和图表翻译成英文。

记得在 1984~1985
年我应邀参加日本第 26
次南极考察期间，日本冰

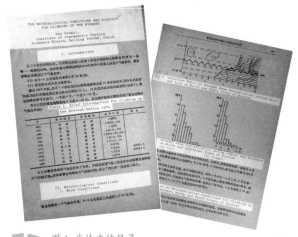

图 1. 我论文的目录
图 2. 攀登珠峰最佳季节总结和攀登珠峰天气预
报的开始

川学家和气象学家藤井理行和松田治把这篇论文的复印件带到考察船
上，多次与我讨论文章中提到的天气预报问题。

杨鉴初先生是中科院地球物理研究所第二研究室研究员，著名气象
学家。当时气象学界有"叶顾陶杨"之称，即叶笃正、顾震潮、陶诗言、
杨鉴初。陶老师偏重中短期天气预报，杨老师偏重长期天气预报。攀登
珠峰的天气预报中，7 ~ 10 天的中长期天气预报非常重要。为此，我不
仅多次请教陶老师，也多次请教杨老师，并在我的科研笔记上做了记录。

从当时的
记录可见，杨
老师强调，做
中长期天气预
报要有信心，
敢于下判断。
老师说，"首
先在思想上要
有信心，打主

与日本冰川气象学家藤井理行（左2）、生物学家松田治（左
1）在南极

杨鉴初老师

动仗，相信自己一定能够做好""要敢于最后下判断，不要三心二意，主意定不下来"。在具体预报方法上，杨老师强调用"相似相关法"，先利用历史资料，将它们之间的关系分类，最后对高空风做出判断。老师特别强调一点，要预报某气象要素当年的变化，应直接用该要素历史变化规律来与当年相同要素寻找相似相关为最好。

杨老师不仅给我鼓励，还给了我具体方法，我受益匪浅。

记录中还有叶笃正和朱抱真两位老师给我的建议，让我参考印度预报雨季开始的方法来预报珠峰雨季的开始。

由此可见，我为中国登山队制作攀登珠峰气象预报中所取得的点滴成就，都得到了多位老师的精心指导，我没齿难忘。

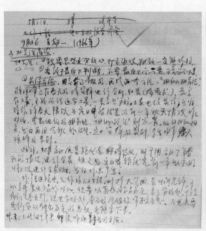
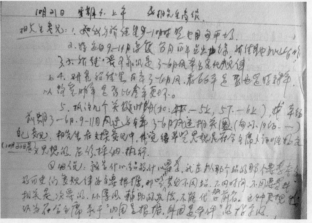

1 2 　图 1. 1966 年 9 月 26 日笔记
　　　图 2. 1966 年 10 月 21 日笔记

四、理实交融的科学考察研究道路

在中国科技大校歌的歌词中有"理实交融"四个字。我在科学考察研究道路上理解了它的含意，就是"理论源于实践、实践检验理论并再提高理论，而其中的精髓在于交融，在于相互作用"。

自 1966 年以来，在青藏高原山地环境气象科考研究中，我所从事的工作属于应用科学范畴，必须在观测实践中积累第一手资料，通过分析研究，提出科学结论，再到实践中去检验初步的结论，去伪存真，完善新的科学认识。

正如毛泽东同志在《实践论》中指出，"实践、认识、再实践、再认识，这种形式，循环往复以至无穷，而实践和认识之每一循环的内容，都比较地进到了高一级的程度。这就是辩证唯物论的全部认识论，这就是辩证唯物论的知行统一观。"

这里，我举几个在科学考察研究过程中的例子来证明上述观点。

例一，研究珠峰加热作用对于南支西风带急流中心高度的影响

在 1966 年春的珠峰科学考察中，登山队气象组组长彭光汉邀请我参加中国登山队的登山气象预报工作。经过一次失败后，通过认真学习，我全身心地投入了珠峰登山气象预报中，想登山队员之所想，急登山队员之所急，决心不断提高我国登山天气预报水平。幸运的是，在实践中，我们遇到了一个又一个问题，发现了一个又一个与攀登珠峰有关的天气

变化规律，了解了这些规律变化对于人类活动的影响，为我撰写《中国山地环境气象学》，开创"山地环境气象学"研究奠定了基础。

登山实践提出科学研究问题

在登山天气预报过程中，根据登山队员反映，发现一个重要现象，即春季在珠峰登山，特别是在海拔7000米以上活动时，高空风速往往很大，严重影响登山活动。

回到北京后，我翻阅了一些文献，觉得很有可能与位于青藏高原南缘的南支西风急流中心高度变化有关。为此，我分析研究了春季青藏高原上空西风急流中心高度的分布情况（图1），发现在紧邻喜马拉雅山脉北侧上空，西风急流中心高度比其南北都要低1000米左右。我推测也许这个现象在珠峰附近更显著。为此，我制作了沿东经85°的南北向剖面上南支西风急流中心高度分布图（图2）。从图上可明显看出，在珠峰北侧的定日上空，西风急流中心高度比其南北低1000～2000米。上述现象表明，在珠峰北坡登山会遇到大风，很可能与南支西风急流中心的高度变化有关。

面对出现的新现象，叶笃正、陶诗言老师都感到惊奇。

记得是1972年夏天的一个上午，中科院大气物理研究所举行学术报告会。这是"十年动乱"以来我所举办的第一次学术报告会。报告会在中关村大气物理所三楼大礼

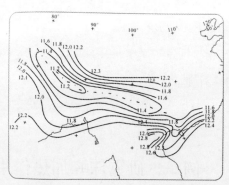

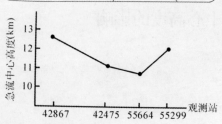

图1. 青藏高原南缘及其南北西风急流中心高度分布图

图2. 沿东经85°南支西风急流中心高度分布图

堂举行，可容纳 300 人的大礼堂座无虚席，除了本所研究人员外，中国气象局、北京大学、空军研究所等单位气象学家也来参会。

报告会由叶笃正研究员主持，我被安排第一个做报告。我的题目是《青藏高原对大气环流和天气系统影响的初步探讨》。报告中，我给出了上述两幅图，引起与会者的兴趣和讨论。当天下午，叶笃正、陶诗言两位老师约我到 307 办公室讨论。

讨论持续了近两个小时，后来，叶笃正老师在我的科研笔记上画了两幅草图，提出出现这个现象的原因很可能是青藏高原不同地区加热作用的差异形成的（下图）。陶诗言老师表示赞同。我在听了两位老师长时间的讨论后，也大胆地在叶笃正老师所绘的草图上写上了"$\Delta T/\Delta Y$ 正比于 $\Delta U/\Delta Z$"，意思是"气温南北分布差异与西风随高度变化成正比"。叶笃正老师点头说，"很有可能"。

在讨论过程中，两位老师那种严谨、认真的治学态度深深影响了我。

初步认识需要实践检验

1975 年春季，中科院组织近 20 人的珠峰登山科学考察队到珠峰考察，考察队员由高山生理、大气物理和地质等三个专业组成。我是大气物理组组长，带领南京气象学院的 3 位工农兵学员李玉柱、冯雪

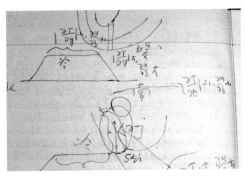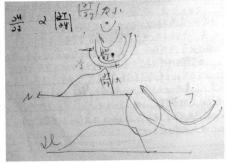

叶笃正老师手绘青藏高原西风急流中心高度分布图成因探讨

华、张江援进行《珠峰山地作用对于大气环流和天气系统影响的考察研究》。同1966年春一样，我除

和三位学生在珠峰大本营（左起：冯学华、李玉柱、高登义、张江援）

了要完成中科院的科学考察任务外，还兼任中国登山队气象组的副组长，轮流当班做登山天气预报。

当年，科学考察工作和登山天气预报任务的双重压力给了我许多锻炼的机遇，也给我的身体带来很大影响，这是后话。

先说科学考察任务。

我在1966年珠峰科学考察时，可以说仅仅是一次科考实习，还不知道如何进行珠峰大气物理科学考察。我和沈志宝两人的考察题目《珠峰天气气候特征考察研究》是我们室领导提出的，原题目是《青藏高原及珠峰附近的天气及天气系统的考察》。后来，临出发前做了变动。我被留在珠峰大本营与登山队气象组一起做登山天气预报，沈志宝到海拔6300米进行气象要素观测。可以说，我们两人完全是分头行动，"各自听命"。

从大气物理所资料室查到的1966年地球物理所参加珠峰科学考察项目

1975 年春季的科学考察情况就完全不一样了，我要承受科学考察和登山天气预报的双重压力。其一，考察队任命我为大气物理组组长，考察题目是由我提出的《珠峰山地对于大气环流和天气系统影响考察研究》，考察队要

登山队队长史占春（持报话机者）带领大家登顶成功

求我辅导 3 位大学生完成他们的毕业论文。其二，登山天气预报任务压力更大。1975 年 1 月，我的论文《攀登珠穆朗玛峰气象条件》的清样出来了，登山队队长史占春向我要了这篇论文的清样。在登山队一次全体会上，史队长说："我这里有一篇小高的论文，专门讲珠峰登山天气预报的，写得不错。"接着他话锋一转，严肃地说："文章是不错，但今年登山天气预报要做不好，我唯你小高是问！"天啊，哪有这样"霸道"的领导啊！我是中科院的科学考察队员，我只是客串帮助中国登山队做天气预报，完全是义务援助。再说，要做 7 ~ 10 天的登山天气预报的准确率还很不确定啊！

如何把压力转化为动力，这是此次科学考察研究的关键问题。

当时，中国登山队的政委是王富洲，他毕业于北京地质学院，比较重视科学考察，他负责领导登山队气象组，同时也负责与中科院科考队的协调工作。中科院科考队政委郎一环知人善任，任命我为科考队学术秘书，负责与中国登山队的协调工作。

就这样，我名正言顺地经常与王富洲政委联系，并逐渐成为好朋友。

郎一环（报话员右侧者）和大家焦急等待顶峰登山队员消息

记得是4月初的一天，我和王富洲一起吃饭时，我对他说："4月、5月是宜于攀登珠峰的季节，为了更好地做好登山天气预报，我建议，根据登山活动进展，适时把现在一天两次高空气象观测增加为4～6次。"他赞同并立即把登山气象组组长刘长秀找来布置工作，最后大家决定，每天高空风观测次数多少由我定。

1975年4月下旬到5月底，我们取得了珠峰大本营每天4～6次的高空风和高空气压、温度和湿度资料。这是当时珠峰北坡最宝贵的高空气象资料，通过对这些资料的分析研究，进一步确认了南支西风急

中国登山队气象预报组1975年在珠峰大本营合影（后排右2刘长秀、后排左1高登义）

流中心高度在珠峰北侧绒布寺上空最低的现象。

在 1966 年的珠峰科学考察总结中，发现了喜马拉雅山脉北侧的西风急流中心高度低于其南北两侧现象，而这种现象在珠峰南北两侧更显著。经过初步分析研究，认为很可能与青藏高原上南北向气温分布的异常有关。1975 年，为了进一步确认上述现象并尽可能探索其原因，我们在珠峰登山天气预报过程中，有意识地增加每天高空气象观测次数，并利用地面气象观测资料，不仅进一步证实西风急流高度在青藏高原上剧烈变化的事实，而且发现了它的形成原因，那就是春季珠峰对于大气的强烈加热作用形成了南北向气温变率的极大值。

例二，珠峰北坡下沉气流和上升气流的观测研究

在珠峰科学考察期间，为了尽可能地保障登山天气预报的准确性，我一直与高空气象观察员一起，参加观测和资料整理工作。

观测实践　提出研究问题

1975 年 3 月与 4 月，在两次无线电探空仪取得的气压、温度、湿度随高度变化原始记录中，观察员对原始记录做了修改，这可是科学研究的大忌！我问观察

在珠峰大本营测量风向风速随高度的变化

员，他们理直气壮地说："根据观测规范要求，在高空气象观测中，凡出现气球在上升过程中突然上升速度明显减小甚至下降的话，应该把这段原始记录纸上下折叠起来，不写入报表，以保持气压随高度降低的正

常状况，同时也可供上级部门审查参考。"

观察员的解释让我恍然大悟。原来在非山地环境地区，一般不出现强烈的下沉气流，我国气象观测规范可以适用。然而在青藏高原，

特别是在世界最高峰地区，出现强烈的下沉气流在所难免。我决定为了科学研究，完全按照观测结果，读取高空气象资料，但在报告上级气象部门的报表中，可以仍然按照"观测规范"操作。

为了确证珠峰地区的上升或下沉气流，我向王富洲政委建议，进行无线电探空气球与测风气球对比观测。这是因为测风气球是假定气球匀速上升，而无线电探空气球的上升速度是由实测的气压和温度决定的，不是匀速上升，这两者之间在同时间的高度差异，可以表明大气的垂直运动，上升或下沉。他欣然同意。

我们在1975年5月4～5日、5月25～27日，在珠峰北坡大本营进行了16次对比观测。发现了珠峰北坡的下沉气流、上升气流等局地环流。

根据这16次对比观测结果发现，在珠峰北

在珠峰北坡大本营同时释放无线电探空气球和测风小气球，以测得上升或下沉气流

坡山谷中,的确存在上升和下沉气流。上升气流出现在离地 400 ~ 1300 米,即在海拔 5400 ~ 6300 米,平均上升速度为 1 ~ 2 米 / 秒;下沉气流出现在离地 2300 ~ 3300 米,即在海拔 7300 ~ 8300 米,平均下沉速度为 2 ~ 3 米 / 秒。

可这 16 次对比观测的结果只能够确证有上升气流和下沉气流,但远远不能够代表珠峰北坡上升、下沉气流的全部面貌。

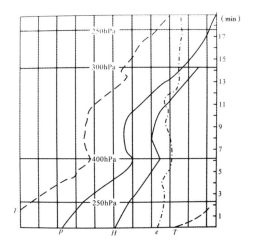

珠峰北坡观测到的强烈下沉气流(1975 年 5 月 23 日 16 时)

例如,在 1975 年 5 月 23 日 16 时的高空气象观测原始记录中,测得一次非常强烈的下沉气流,下沉速度约为 10 米 / 秒。如此强的下沉运动,直升机是不能够抗拒的。

1994 年,一架黑鹰直升机不幸在珠峰的西南侧(即聂拉木附近)坠毁。我后来查阅了天气系统资料,确认那是一次强背风波的下沉气流带来的灾难。

例三,珠峰中小尺度与背风波观测研究

关于山地的背风波动现象,过去在国外已经有了观测研究。然而,在世界最高峰珠峰地区,背风波动现象如何,是否存在中小尺度系统呢?

登山实践提出中小尺度系统观测研究课题

1966 年 5 月初,中国登山队有两组登山队员先后在珠峰北坡海拔 7000～8000 米高度活动。报话机里不时传来登山队员对天气状况的反映："大本营，现在风很大，至少超过八九级，无法行动。"过了三四个小时，山上又传来消息："现在风突然减小了，只有三四级，可以行动。"在短短的 14 个小时内，先后传来了 4 次迥然不同的高山风速报告，变化很大。

对这种变化，我和我的同行们都很好奇。上述时间尺度只有几小时的风速突变现象是否意味着珠峰北坡存在中小尺度系统呢？

翻阅过去有关文献得知，观测研究中小尺度系统的方法有两种：一是加密空间尺度的观测网，即在一定水平范围内，3 个或 3 个以上的观测点分布在几十千米量级的距离内，每天观测 2～3 次，可以测得到中小尺度系统；二是单点观测，在该观测点上，每天观测 6～8 次无线电探空气球，得到离地 10000 米以下的气象要素资料。在珠峰特殊地形条件下，后者比较可行。在 1975 年攀登珠峰气象预报中，我向登山队领导提出，每天观测 6～8 次高空气象资料，其目的之一，就是为了观测研究珠峰北坡的中小尺度系统。

一分耕耘，一分收获。我们通过利用上述加密时间尺度的高空气象观测资料，制作完成了 1975 年 5 月 22～28 日气压 24 小时变化（△P）与气温（T）、风向风速时间剖面图以及 5 月 5～8 日气压 24 小时变化（△P）与气温（T）、风向风速时间剖面图，发现了珠峰北坡的确存在

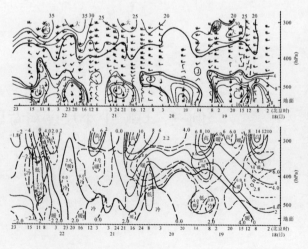

珠峰北坡绒布寺气象站地面至海拔 10000 米内的△P、T 和风向风速时间剖面图（1975 年 5 月 18 日 2 时到 22 日 23 时）

中小尺度系统。

从上图可见，在海拔 7500～9500 米高度内，常有高压和低压系统中心。

这些低压和高压中心之间相隔仅有 2～10 小时，且几乎都分布在海拔 8000～9000 米高度内，高压中心高度平均为海拔 8629 米，低压中心平均高度为海拔 8420 米，两者相差不大。

为了更清楚地了解这些中小尺度高压和低压中心与风速关系，根据上述图中数据列出下表。

珠峰北坡 7000～10000 米内高压低压中心与风速关系一览表 (1975 年 5 月)

高	时间	5, 14	7, 01	7, 15	18, 08	18, 20	21, 08	21, 16	平均
	高度 km	8-9	8-9	8-9.5	7.7-9.5	8.7-9.7	8-9.3	8.6-9.3	8.1-9.3
	中心高度 m	8300	8600	8500	8500	9100	8700	8700	8629
	中心 ΔP	10hp	7hp	26hp	8hp	15hp	10hp	17hp	13.3hp
压	风速 m/s	27	30	35	24	33	28	35	29.8
低	时间	5, 23	6, 23	7, 05	18, 15	21, 20			平均
	高度 km	8.7-9.1	7.5-8.3	7.8-9.4	7.8-8.8	8.6-9.2			8.1-9.0
	中心高度 m	8900	7700	8500	8100	8900			8420
	中心 ΔP	-5hp	-2hp	-13hp	-14hp	-5hp			-7.8hp
压	风速 m/s	8	4	16	5	20			10.6

由上表显而易见，高压中心几乎都对应大风，平均风速 29.8 米/秒，低压中心几乎都对应小风，平均风速 10.6 米/秒。中小尺度高压中心平均风速几乎为低压中心平均风速的 3 倍；低压中心的风速宜于攀登珠峰，但高压中心风速不宜于攀登珠峰。从而验证了登山队员在珠峰北坡 7000 米以上攀登实践中"风速时大时小"感受的客观存在，并进而发现这是由中小尺度系统带来的。

提出背风波动与中小尺度关系的问题

前面观测研究说明，在珠峰北坡存在中小尺度系统。那珠峰北坡是

否存在背风波动呢？如果存在背风波动，这两者之间有什么关系呢？

1980年4~5月，我获得了中国科学院大气物理研究所的经费支持，组织科学考察队来到珠峰北坡，观测研究背风波动。

小贴士

所谓等压平飘气球，其下部有一根气管，作为连接自由大气与气球的通道。当气球上升时，四周大气压减小，气球内的气压相对增高，气球释放气体，以保持与四周大气压力相同；反之，当气球下沉时，四周大气压高，四周大气通过气管进入气球，以保持等压。

要测量珠峰山地背风波动，比较切实可行的方法是，在珠峰北坡大本营释放等压平飘气球，气球下悬挂无线电探空仪。这样我们就能够定时测量等压平飘气球在不同位置的温度、气压、湿度和风向、风速资料，从而准确给出珠峰北坡的背风波动情况。

我们在珠峰北坡大本营的绒布河谷每次施放3个不同高度的等压平飘无线电探空气球，每天施放5次。在绒布河谷的西侧山坡（上游方向）海拔高度5700米处，在接收3个不同高度无线电探空仪发射信号的

1　2　图1. 带有近一米长气管的等压平飘气球

图2. 1980年5月，中国科学院大气物理研究所在珠峰北坡海拔5700米用3架测风经纬仪同时观测在3个不同高度上等压平飘气球移动的资料

同时，用3架测风经纬仪测量3个不同高度的等压平飘气球随时间变化的数据，以同时获得3个不同高度上的气压、温度、湿度和风向风速资料，用以获取背风波动资料。

观测资料分析结果表明，在一定的大气环流条件下，在珠峰北坡有很强的背风波动，波动振幅可以达到2000米左右。在气流下降区域（即波峰到波谷区）有大风，风速最大达32米/秒，在气流上升区有小风，最小风速仅仅8米/秒。

综合上述情况，我制作了珠峰北坡背风波动与中小尺度系统之间的关系示意图。它表明：当西风气流经过珠峰上空时，在适当的大气状况下，会产生强烈了背风波动，在波谷中存在中小尺度高压，伴有不宜攀登珠峰的大风，在波峰中存在中小尺度低压，伴有适宜攀登珠峰的小风。

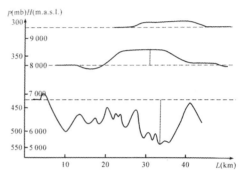

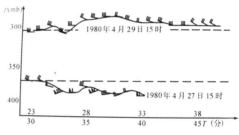

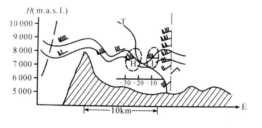

1　图1. 观测得到的珠峰北坡的背风波动
2　图2. 观测得到的背风波动与风速变化关系
3　图3. 珠峰北坡背风波动与中小尺度系统关系示意图

科学结论必须经实践检验

1990年春，中国科学探险协会与日本热气球协会合作的热气球飘飞珠峰探险活动，证明了珠峰背风波动中的下沉气流是此次热气球在珠峰附近坠毁的直接原因。

1990年5月初，中国科学探险协会和日本热气球协会在希夏邦马

峰东南侧 10 余千米处山谷中准备施放热气球，目的是要载人飞越珠峰上空，测量飞行路线上的环境状况，拍摄自然景观，向人类展示世界最高峰地区的壮丽景色，宣传"热爱地球，保护地球"刻不容缓。我作为中方队长，负责这次活动的气象保障和后勤工作。

这次活动的计划是：热气球从喜马拉雅山脉北侧中国境内起飞，在高空盛行偏西北风的条件下，飞越珠峰，最后在喜马拉雅山脉南侧的尼泊尔境内降落。

按计划，起飞点应设在珠峰的西北侧，利用高空（海拔高度 6000 ～ 10000 米）刮西北风时的天气条件，才能达到预期目的。根据我方在珠峰北坡观测研究背风波动的结果，我向日方队长建议，起飞

中日热气球飘越珠峰活动，热气球已做好施放准备

点的西北方向 10 ~ 20 千米内不宜有海拔高度 8000 米左右的高山，否则会遭到该山背风一侧下沉气流的威胁，不利于热气球起飞。可日方队长不相信背风波动的作用，过分强调起飞点的施放条件和生活条件需要，坚持要把起飞点设在希夏邦马峰（海拔高度 8012 米）东南侧 12 千米处一个较宽广的山谷中。理由是这儿的山谷比较开阔，位于公路旁边，交通方便且离水源近。我再三劝阻时，日方队长拿出双方的协议文本，有根有据地说："根据中日双方协议，施放和选址由日方负责，气象和后勤保障由中方负责。"既有协议为据，我只好作罢。

1990 年 5 月 6 日凌晨 3 时，根据我方观测的高空风资料，中日双方均认为当天符合起飞条件，热气球安全升起。可由于背风波下沉气流的严重影响，热气球坠毁在大本营东南侧 10 多千米处。

中日联合举行的载人热气球飘越珠峰的科学探险活动，因山地背风波下沉气流而失败了。事实证明珠峰北坡背风波动的确存在，而且珠峰北坡的背风波动会严重影响人类攀登珠峰和热气球的飘飞活动。

1994 年秋，在庆祝西藏自治区成立 40 周年过程中，安排了黑鹰直升飞机的活动。成都军区和西藏军区派遣 3 架直升机从拉萨到樟木口岸视察边境。当直升机飞达珠峰附近时，突然遇到强烈下沉气流，其中一架直升机坠毁，飞行员遇难。后因工作关系，我与西藏军区某部门查询了事故发生时的气象资料，更证明了是珠峰背风波动中的下沉气流带来的灾难。

例四，登山规则："早出发早宿营"

在 1966 年春季制作珠峰登山天气预报过程中，我常常接触中国登山队队员。在相互交流中，他们常常提到，在海拔 7000 米以上活动时，

下午的风速比上午的风速大得多，有时行走都非常困难。

登山队员为什么在海拔 7000 米以上才感觉到下午的风速远远比上午的风速大呢？其实在珠峰北坡大本营，我们也经常感觉到下午比上午风速大！

回到北京后，我研究了青藏高原上不同海拔高度的风速日变化情况。我选择海拔 1000~5000 米地面风速的日变化情况。结果表明，在海拔 3000~5000 米，春季地面风速的日较差（即当地时间 18 时与 6 时地面风速之差）随着海拔高度升高迅速增大。例如，在海拔 3600 米处，地面风速日较差月平均值仅为 1.2 米 / 秒，在 4300 米的月平均值为 4.6 米 / 秒，在 5000 米的月平均值已达 5.8 米 / 秒了。即，海拔高度每升高 1000 米，地面风速日较差的月平均值会增大 3.3 米 / 秒。若照此推论，则在珠峰海拔高度 8000 米以上，地面风速日较差的月平均值可达 14.5 米 / 秒左右。这与登山队员的实际感受完全一致。

1966 年下半年，我在上述统计分析结果的基础上又发现，在适合攀登珠峰的好天气时段，这种现象更为显著。因为海拔每升高 1000 米带来的风速日较差可增加 3 ～ 4 米 / 秒。由此推论，在海拔 8000 米附近，地面风速日较差可达 15 ～ 18 米 / 秒。攀登珠峰的实践表明，适合登顶的好天气时段必须采用在海拔高度 8000 米以上的资料。

为此，我在 1966

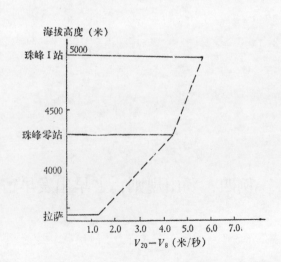

在青藏高原上地面风速日变化随高度的变异

年底和 1975 年 1 月，曾两次以书面形式向国家登山队建议："在登山季节 (4 月中旬至 6 月上旬)，在珠峰北坡高山地区从事登山和考察活动时，一定要遵循近地面风速日变化特点，把'早出发，早宿营'的登山战术作为登山规则。尤其在适合登顶的好天气时段，在海拔 8000 米以上地区活动时，更应严格执行这一登山规则，以凌晨 4 时至下午 4 时为宜。"

中国登山队采纳了我的建议，规定攀登海拔高度 7000 米以上高峰必须在凌晨 4 时以前出发，16 时以前宿营。在 2003 年中国登山队攀登珠峰的活动中，一些国家的登山队已经采用凌晨 1 时从 8300 米营地出发，在 12 时以前登上顶峰。

五、从青藏高原走向海洋和南北极

1985 年，中国科学院组织西太平洋科学考察，这是中科院的重大项目之一。项目负责人是时任大气物理研究所副所长周晓平，我是项目办公室主任。项目名称为"西太平洋海气相互作用及其对于气候变化影响的考察研究"，目的是观测研究西太平洋海域海洋与大气之间的热量、动量与物质交换及其对于全球气候变化的影响。参加单位有中科院大气物理研究所、青岛海洋研究所、南海海洋研究所、兰州高原大气物理研究所等。科学考察船是中国科学院的"科学 1 号"和"实验 3 号"。

1992 年周晓平在美国留影

考察研究内容包括三部分：分别是海洋环流、海洋生物和海洋地质；海洋上的大气环流、大气物理和大气化学特征；海洋与大气之间的热量、动量和物质交换。

服从国家科学研究任务需要

正当我在青藏高原气象学方面研究日益深入并取得可喜成果之时，中国科学院任命我具体负责组织这个项目实施，特别是负责海上科学考察的两船同步观测协调工作。当时中科院副院长孙鸿烈明确指出，除了完成你自己的课题外，你的主要工作是协调 4 个研究所之间的合作，协调"科学 1 号"和"实验 3 号"考察船在西太平洋上的同步观测。我 4 次带队西太平洋科学考察，圆满完成了两条考察船的海上同步观测。

西太平洋海气相互作用考察研究，对我来说，是一个新的领域，而且要花较多的时间和精力去做组织领导工作，这对我自己的科研工作必然有影响。我虽然不太愿意，但还是接受了。可以说在 1985 ～ 1994 年，我的精力至少有近一半是花在这个项目上。

　　这个项目有两个难点。

　　一是需要协调 4 个研究所，尤其是青岛海洋所与南海海洋所。二是确定海洋与大气之间相互作用的交界面非常困难。

　　1985 ～ 1986 年，中国科学家首先提出了"观测研究海洋与大气之间的相互作用及其对于气候变化的影响"，并把观测研究的关键海域确定为西太平洋热带海域。当时国际上许多科学家研究的重点仍然在海洋环流，观测研究的关键海域是东太平洋。

　　1990 年以后，国际上的海洋与大气科学家也开始把研究方向转向

中国科学院"科学 1 号""实验 3 号"考察船在西太平洋上准备同步观测

高登义科学探险手记
登极取义

"海气相互作用"，把观测研究的关键海域转向西太平洋热带海域。这就有了 1992～1993 年的中美两国科学家的西太平洋热带海域合作考察研究，中方提供考察船，美方提供部分考察设备。

小贴士

占地球面积 71% 的海洋是影响全球气候变化的重要因素，而海洋对于全球气候的影响必须通过地球表面上的大气。科学家们研究发现，海洋对于气候的影响主要是通过与海洋紧紧相连的近海面大气。浩瀚的海洋是如何通过接近海面的大气来影响全球气候的呢？这就是近几十年来科学家们一直在研究的"海洋与大气的相互作用于气候影响"问题，或者说是"海气交换如何驾驭气候变化的问题"。

我作为这个项目的负责人之一，曾经 4 次到西太平洋海域考察，与西太平洋朝夕相处 100 多个日日夜夜。我与队友们同舟共济，对于海洋和大气之间的相互作用有了一点粗浅的认识，也逐渐和海洋有了一定的感情……

从高山来到海洋

在 1966～1985 年期间，我几乎每年都在高山地区进行科学考察研究，每次都为中国登山队制作登山天气预报，前后发表了有关山地气象学的论文数十篇。我对山地气象学研究已经有点着迷，尤其是山地与大气、自然环境之间相互作用的研究，这方面过去气象学界并没有涉及。我当时在考虑将来是撰写《中国山地气象学》，还是《中国山地环境气象学》。

记得 1978 年 10 月 21 日下午，叶笃正老师和我谈我的"三定"问题，他希望我能够在 1985 年之前完成我国各种类型的山区科学考察，不仅去青藏高原，还应该去峨眉山、泰山、贺兰山等，然后撰写《中国山地气象学》。可是我的科考工作自己做不了主，必须根据中国科学院考察任务需要，考察区域基本上还是在青藏高原和天山山脉，所以没有撰写那本书。

就在这一关键时期，中科院在制订"八五"重大科学研究项目时，将"西太平洋热带海域海气相互作用与气候变化观测研究"列入其中。院领导要我负责组织这个项目的实施。

我向叶笃正老师报告了这个新情况，他也只能让我"服从分配"。

我自己并不愿意从研究山地气象学转为研究海洋气象学。院领导建议我可以两个领域都兼顾，我服从了组织分配的工作。

1987年6月7日，我收到素不相识的日本气象学家大田用英文写给我的信，信上说："……我读过你的关于喜马拉雅山脉和青藏高原大气环流研究的文章，一直希望能够有机会见到你。这次我们到中国天山山脉去考察，6月11日路过北京，希望我们能够见一面。"6月11日晚，10多名日本登山爱好者和气象学家与我共进晚餐。当他们知道我在从事"海洋与大气相互作用观测研究"时，大田先生诚恳地说："你还是研究高山气象为好，在这方面，你在日本气象界，特别是在登山气象方面已是有名人物了。"我感谢日本朋友对我的关心，也诚恳地说："在中国，和日本不一样，科学家要服从国家科研的需要。"

就这样我服从分配，转向研究海洋气象学，走进了

叶笃正老师与我谈我的"三定"问题后追记

西太平洋海域。

西太平洋考察船首次出海遇大浪

1985年12月10日,中国科学院"西太平洋海气相互作用考察队"准备出发。副院长孙鸿烈、叶笃正及相关单位领导来到码头,先听取考察队汇报,举行简单而隆重的欢送大会,后与考察队员合影留念。院领导和各所领导都预祝科考队取得"开门红",祝福我们平安归来。我代表全体考察队员讲话,重点强调"这次科学考察是中国科学院的第一次远洋科学考察,是中科院第一次组织海洋和大气科学交叉学科的考察,也是在世界上第一次明确提出'海气相互作用与气候变化'研究的科学考察。"

12月17日12时,"实验3号"考察船起航,离开珠江口的桂山,在3~4米浪中前进。在从桂山港开往汕尾的途中,风浪越来越大,

中科院副院长孙鸿烈(右1)、叶笃正(左1)等在"实验3号"考察船上听取汇报

叶笃正院士（前排右9）及各所领导与考察队员合影留念

3700 多吨的考察船上下颠簸剧烈，不少队员都"交公粮"了，就连老航海戴船长、大副等也不例外。"交公粮"是航海中的一句"行话"，就是晕船呕吐。

为了安全，考察船只好停泊在汕尾附近等待。

由于在珠江口外的海面上有第 26 号和 27 号台风，我们的考察船不得不继续在汕尾附近等待。利用这个时间，考察船上的各种观测仪器开始试运行，为海上观测做准备。

12 月 24 日，天气转好。18 时 5 分，考察船起航，一直向南开去，开始了我们的远洋考察。

1 2 图 1."实验 3 号"考察船乘风破浪前进
图 2.停泊在汕尾港内的"实验 3 号"考察船

考察队员在考察船尾即兴填词，高歌《十五的月亮》

在风雨中唱起了《十五的月亮》

1986 年 11 月 17 日晚，考察船在航行中。此次我们出海考察已经一个月了。

当晚，一轮明月高挂天空，满天的星星伴着月亮，我们在后甲板上仰望天空，欣赏着在北京很难看到的明月夜。考察船左右轻轻摇摆，仿佛天空的月亮在左右摇晃。诗人李白的名句勾起了我的思乡情，我情不自禁地把原诗中的"床前"改为"甲板"，念出了"甲板明月光，疑是地上霜，举头望明月，低头思故乡。"我刚刚朗诵完，从科学院院部来的小孙马上唱出了"十五的月亮，挂在天空左右摇晃……"我们船上的歌手宣越健也跟着唱起来。大家你编一句，我编一句，把对家乡、亲人的思念很快融入《十五的月亮》这首歌中。经过我整理、修改后，新的歌词如下。

十五的月亮，

挂在天空左右摇荡，

远航的队员站在甲板望月思乡。

你双眸闪烁秋波望穿，

我兢兢业业探海测天；

你在太空含羞把我伴，

我在远洋日夜奋战。

耕云播雨有你的泪水也有我的血汗，

科学成就有我的一半也有你的一半。

十五的月亮，

挂在天空左右摇荡，

远航的队员站在甲板望月思乡。

你亦步亦趋形影相伴，

我献身科学不惜流血汗；

你在夜晚不停地发光，

我在海上科学探险。

世界大同有你的贡献也有我的贡献，

明月长圆是我的心愿也是你的心愿。

　　那两天，我们在考察船上紧锣密鼓地进行海气相互作用观测的同时，由我们重填新词的《十五的月亮》的歌声在考察船上此起彼伏，表达了大家对于家乡和亲人的思念。

　　11 月 19 日傍晚，系留汽艇的定时观测快要完毕，只见一片乌云

1　图 1. 大气物理组即将进行系留汽艇观测
2　图 2. 海上风暴来临，队友们赶来帮助固定
　　系留汽艇

向我们考察船飘来，这预示着暴风雨即将来临。

我让曲绍厚赶快收回系留汽艇。7 分钟后，汽艇

离地只剩 10 米左右时，突然狂风大作，暴雨袭来。

曲绍厚加快速度拉汽艇，张北英跳起来，一把抓住了探空仪！终于收回

了系留汽艇，保住了探空仪。

　　在这样的暴风雨中，系留汽艇很容易被风刮跑。曲绍厚紧紧抓住系

留汽艇的尾部，我和张北英抓住汽艇的头部，风雨中，我们的全身都湿

透了。就在这时，小孙、宣越健赶到了。大家顶住狂风暴雨，齐心协力，

用一张大渔网把系留汽艇固定在安全的地方。

　　风渐渐小了，雨仍然继续下着。宣越健带头唱起了我们新编的

《十五的月亮》，大家也跟着唱。我不时为队友们提示新歌词。在西太

平洋上的风雨中，那寄托思念的歌声随着风雨飞向远方，飞向故乡，飞向亲人……

在莱城与巴新华侨谈心

1986 年 11 月 9 日，"实验 3 号"考察船第一次抵达巴布亚新几内亚的莱城。经过一番周折，考察船终于靠岸。

我们考察船抵达莱城的消息很快传开。次日晚，近百名华侨来到船上参观。我负责接待忙了一整晚，大家尽兴而归。华侨朋友都为祖国有这么好的科学考察船深感骄傲。

第二天，一位年逾古稀的老华侨又来船上找我。一见面我就记起他，前一晚我们曾经一起聊天。老人姓温，祖辈从广东背井离乡辗转来到莱城，在巴布亚新几内亚他已经是第三代。他很怀念家乡，怀念祖国。当我送给老人从祖国带来的广东月饼时，他望着月饼发呆，沉默片刻，突然热泪夺眶而出……我深受感动，忙转过身擦去眼泪。"好多年啦，好

考察船上接待莱城广东籍华人温先生

多年没有尝过家乡的月饼啦！"老人小心收好月饼，喃喃地说，"回去给孙子尝一尝！"

也许是想尽快与家人分享月饼吧，老人离开了！临走前，老人送我一本打印的英文书，书名是《巴新华人发展史》。

我回到舱内阅读。巴新华侨的辛酸往事深深地触动了我，翻译几段如下：

"……在19世纪，中国南方是饥荒和战争的重灾区，迫使很多男子背井离乡，挣钱养家。许多华工是由华人或欧洲人掌控的机构骗来的。1858年，一个名为St. Paul的机构绑架了327名华人从香港前往悉尼，途经Rossel岛时不幸遇难，只有两位幸存者逃到了墨尔本。然而，这并没有吓住中国人。在1980年，当地华人已经发展并拥有了一家海参渔业工厂。"

"1890年，新几内亚的德国人和华人签订合同，雇用他们当建筑工，近半数的劳工死于当地的热带疾病，只有少数逃到了东部，成了开拓者和商人。"

"在第一次世界大战前，在Rabaul的华人人数已达1452人，比德国人和英国人的总和还多。其中，大部分华人从事贸易，也有从事加工业、建筑业的，还有工程师、造船木工等，他们成立了华人商会。"

"1914年起，澳大利亚人和英国人都怕华商同他们竞争，想尽办法把华人排挤出巴布亚。华人被迫来到新几内亚。为了适应当地农业发展的需要，华人经营农业需要的大砍刀、稻种等，很快发展起来。一直到第二次世界大战前，华商成了当地重要的经济贡献者。"

"直到现在，还有相当一部分华人虽然长期生活在巴布亚新几内亚，虽然是巴新经济的主要贡献者，但他们并不是巴新人……"

国外的华人真不容易啊！我从内心里祝福巴新的华人同胞！

寒潮越过赤道取走海洋热量

在一定的条件下，加密观测辛苦而且有风险。但是辛苦和风险会换来科学研究的成果。

为了观测研究北半球冷空气越过赤道进入南半球的情况，1986年1月4～7日，我们"实验3号"考察船位于东经140°的赤道洋面上连续观测4天，每天施放6次无线电探空气球。

观测资料的分析结果告诉我们，在这4天中，有一次很强的冷空气从北半球越过赤道，海面气温急剧降低，24小时的降温平均达到3℃～5℃。在海面至海拔16000米的高度范围内，从1月4日12时～7日4时，降温的高度范围从海面至海拔高度8000米逐渐扩展到海面至海拔高度16000米；24小时的降温幅度从1℃～4℃逐渐增加为2℃～7℃。

这是当时我国在赤道上观测到的一次最强冷空气越赤道的天气

大气物理组在东经140°的赤道洋面上施放无线电探空气球，探测大气温度、湿度和气压随高度变化情况

过程。从这次强冷空气越赤道天气过程中，我们通过计算证明了一次强冷空气从海洋表面带走大量热量给大气的事实。

根据观测资料计算结果，我们发现，在冷空气没有越过赤道前，大气从海洋表面获得的热量为 6 瓦 / 平方米左右；在冷空气越过赤道时，迅速增加到 260 瓦 / 平方米左右。可见当冷空气越过赤道时，大气从海洋表面获得的热量远远大于没有冷空气越过的时候，约为平常的 43 倍！

我们知道，地球的面积是 5.11 亿平方千米，其中海洋面积占了 71%，为 3.628 亿平方千米。如果每天都有 1% 的海洋表面有如此强的冷空气活动（事实上，这是经常存在的），那么大气每天就可以多从海洋表面取得大约 22080 亿千瓦小时的热量。这个热量约为青藏高原每天给予大气热量的 376 倍，相当于世界上最大的发电站长江三峡水电站每天发电量的 3 万倍。

由此可见，海洋与大气之间的热量交换作用巨大，不可低估。中国科学院于 20 世纪 80 年代率先观测研究西太平洋海域海洋与大气之间的热量、能量与物质交换，的确走在世界前列。

海洋上的云在日落后快速发展

青藏高原上各个台站的云的统计资料表明，无论春夏秋冬，青藏高原上空出现对流云的频率在 80%~99%，冬季频率最小，夏季频率最大。就其日变化而言，以积雨云为例，在春、秋和冬季，以当地时间 12 ~20 时出现频率最大，占 50%~60%；在夏季，占 60%~70%。

这是因为，青藏高原海拔高度平均在 4000 米以上，空气的密度为平原地区的四分之三以下，即使地面接收到的太阳辐射热量与平原地区相同，也会因为空气密度小，升高的温度数值要大。当太阳照射陆地表面后，地表温度迅速升高，进而加热接近地面的大气，使得近地面的大气温度也迅速升高，然后逐渐把热量向上传递，加热大气，从而形成随高度递减的气温分布。这种大气温度的分布状况非常不稳定，空气会不断上升，把地面的热量和水汽向上传递，为对流云的生成创造条件。所以在青藏高原上，日出后至日落前，云的对流非常频繁，云的底部往往与山体相连，而云顶往往可以达到 12 千米以上，接近对流层顶部。看起来非常壮观，云体从地面向上伸展很高，似菜花状。

　　不过，在西太平洋考察期间，热带洋面上的对流云与青藏高原上空的云不同，云底比较平。而且西太平洋上对流云出现频率最高的时间不是在日出后，而是在傍晚至黎明前，积雨云则主要出现在夜里。

　　究其原因，主要是由于陆地与海洋的表面状况不同。

　　众所周知，海洋表面是海水，海水的热容量是空气热容量的 3100 倍，也就是说，1 立方厘米海水的温度要升高 1℃所需要的热量，等于 3100 立方厘米的空气升高 1℃所需要的热量。

　　当太阳从海平面升起后，太阳辐射加热了海洋上的空气和海洋表面，由于海水的热容量远远大于空气的热容量，因而海水温度升高很慢，

青藏高原上浓积云

太平洋上的对流云

而空气温度升高很快，慢慢形成了海洋表面的温度低于或接近于海洋上面的空气温度。这种海洋与大气之间的温度分布状况不利于空气的上升运动，即不利于云的生成和发展。因此白天海上不容易见到对流云。

相反，日落后海洋表面和空气都没有太阳辐射。此时，由于海水与空气热容量的不同，空气温度下降快，海水温度下降慢，逐渐形成空气温度低于海洋表面温度的状况，有利于空气上升，有利于云的形成和发展。因而，在日落后容易见到对流云，有时还能听到雷声，看见闪电。

海洋表层厚度跟着大气变化

通常，海洋学家把海洋分为三层，即混合层（或称上混合层）、跃层（或称温跃层）和深层（或称下均匀层）。在海洋的最上面一层是混合层，它的厚度大约是 100 米；在这层内，由于风和波浪的搅拌作用，海水的温度、盐度和密度是均匀的。在混合层之下，是一个厚度为 1000 ~ 1500 米的跃层，在这一层内海水的温度、盐度和密度随着深度有很大的变化。在跃层之下是海洋的深层，那里海水的温度、盐度和密度几乎又处于均匀状态了。

为了简明易懂，我们似乎可以把海洋简单理解为"表层""中层"和"深层"，分别对应海洋学家的混合层、跃层和深层。

在"表层"，海洋与大气之间常常都在互相接触，互相交换水汽、热量、能量等等，可以说是互通有无，亲如兄弟。多少年来，在海洋与大气之间一直有薄薄的一层交换混合很好的海水，这就是海洋学家所说的混合层。

对于海洋的"表层"而言，不同海域的厚度不同；就是在相同海域，在不同季节、不同天气系统条件下的厚度也不同，它们的变化幅度可以达到 50 米以上。

我们知道，大气是在不断运动中，因而，对于某一部分海域而言，

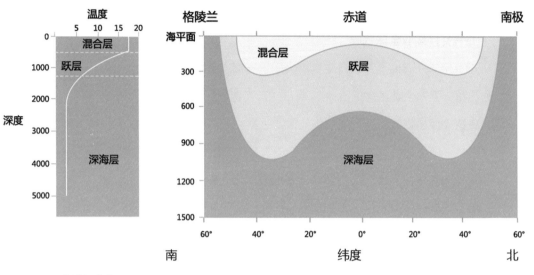

海洋分层图

它的"表层"是在和不断变化中的大气打交道。和海洋相比，大气好像还是一个喜怒无常、冷暖不定的孩子。有时它非常愿意给海洋热量，于是大度的海洋"表层"就增加自己的厚度来接受大气的馈赠；有时大气又要从海洋中带走热量、水汽等，海洋"表层"只得减小自己的厚度来满足大气。

我们在西太平洋进行海气相互作用的科考中就遇到了这种情况。

1986 年 11 月，我们在北纬 5°、东经 140°定点考察。11 月 3 日遇到了低气压中心，23 日遇到了高气压中心。有趣的是，3 日的海洋"表层"厚度只有 50 米，而 23 日的海洋"表层"厚度为 75 米。

这是由于 3 日考察站上空正好是一个强气流辐合中心，调皮的大气需要热量，需要水汽，迫切需要海洋大哥的帮助，所以不断地搅动海洋，于是海洋"表层"只好解囊相助，提供大气热量和水汽，因此，海洋"表层"的厚度减小到 50 米。23 日，考察站上空是一个强气流辐散中心，慷慨的大气愿意还给海洋热量，海洋大哥接受了，于是海洋"表层"的

厚度也就增加到了 75 米。

海气交换驾驭全球气候

近几十年来，海洋和大气科学家们把研究精力集中在海洋与大气之间的热量交换对全球各地的气候影响上。初步成果告诉我们，海洋与大气的热量交换是影响全球气候变化的重要因素之一。因此在一定程度上可以说，"海洋与大气之间的各种交换驾驭着全球气候变化"。

海洋与大气的交换观测，目前仍是世界观测研究的难点。不过，相对而言，热量交换以及由于热量交换而引起的海洋表面温度的变化比较容易观测。因此，与海洋表面温度变化有关的研究便蓬勃地开展起来了。

厄尔尼诺现象产生的原因有二。其一，在上述这些海域中，当海洋上空为高气压区域时，空气有下沉运动，使得近海表面的温度升高；特别是当这个高气压长期稳定在这个区域时，海洋表面的温度也会长期持续高温。其二，在上述海域中，当海洋混合层内的上升运动加强时，温跃层内较高温度的水上升到海洋表面，使得海表温度上升，形成了厄尔尼诺现象。

厄尔尼诺现象会使某些地区气候异常。例如，1998 年夏季是我国洪涝灾害最严重的一年。不仅在长江流域形成重大洪涝灾害，而且在我国东北的三江平原、西藏的雅鲁藏布江流域也形成了洪涝灾害。

这是因为 1997 年 5 月在赤道太平洋开始形成 20 世纪最强的厄尔尼诺现象，赤道中、东太平洋的海温异常偏高，大片水域的海水表面温度比常年同期偏高 3℃～5℃。直到 1998 年 5 月，在赤道中、东太平洋海域仍然维持海洋表面温度比常年平均偏高的厄尔尼诺现象。

拉尼娜（La Nina）现象，和厄尔尼诺现象正好相反，是指在上述海域，海洋表面温度出现持续比常年温度偏低的现象。

在拉尼娜现象出现时，世界各地也会出现局部地区的干旱与洪涝。

这里要指出的是，厄尔尼诺和拉尼娜现象的确是影响全球气候变化的因素，但绝对不是唯一的因素。因此，预测来年全球气候变化时，必须更全面地考虑其他因素，诸如西太平洋海域暖池海表温度变化异常、南北极浮冰面积和厚度变化异常、赤道海洋环流异常、青藏高原冬季雪盖面积和厚度异常等。

知识链接

厄尔尼诺 又称圣婴现象，与另一现象南方涛动合称为 ENSO，是秘鲁、厄瓜多尔一带的渔民用来称呼一种异常气候现象的名词。主要指太平洋东部和中部的热带海洋的海水温度异常，持续变暖，影响世界气候变化，造成一些地区干旱，而另一些地区降雨量过多。

从高山走向南极

1984 年，日本极地研究所邀请中国两位科学家参加日本第 26 届队南极考察，我和当时南极考察办公室的年轻人李果一道参加。

离京向南极出发

1984 年 11 月 12 日，全家人都在 6 点左右起床。外婆更早些，约 5 点 40 分就起床为我做早饭。早餐吃的是元宵，蕴含着全家团圆之意。

妻子生渝和小儿高原送我到机场。高原当时才 6 岁，他对红外线控制的自动门很感兴趣，盯着看个没完，等我告诉他"要登机"时，他才过来和我告别。生渝已多次为我送行，表面上很平静，其实我们心里都明白，别后她在家庭和工作上的双重负担是多么重！正如前一天下午所党委书记老赵说的，"你的成绩有你爱人的一份。"我深有同感。

赵书记昨天下午专程来我家看望，并代表党委宣布，我已是一位预备党员了。我从心里感谢组织的关怀。

令我难忘的是，我的老师、年近八旬的张宝堃先生，继前一个周六晚上约我去他家谈话后，前一晚又专程来我家送行。张老感冒，嗓子不舒服，当我要送他下楼时，他执意不肯。我望着他打着手电筒缓缓下楼，生怕有闪失，只得悄悄跟随……老师的心意，学生记在心。所长曾庆存也在前一天向我祝贺，并提醒我注意身体。他还风趣地说："等你回来，组织排球赛，我一定参加。"曾所长在学生时代好打排球，但已多年不打了，那天特别提起，可见人人都有一颗年轻的心！

晕船与高山反应

从高山到海洋，这是我第一次乘船远航。第一天登船，有点不适应，觉得头昏沉沉，大有"高山反应"的感觉。食欲不佳，菜剩下一半。平躺在床上，仍感到船在左右摇晃。我回忆 1966 年第一次到珠峰北坡大本营（海拔 5000 米）时，也有类似感觉。看来，山和海也有相通之处，人对环境都有适应过程。

我和小李住的船舱叫"交换学者室"，有洗澡间、卫生间、洗衣机，

曾庆存（左1）、叶笃正（左2）、Hanz Wanner、孙鸿烈（右1）在一起

较一般队员待遇高。夜幕降临，我躺在床上，似睡非睡，有点像在火车上睡觉的感觉。经过一天一夜的休息后，身体好多了，晚餐的菜全吃光了。小李晕船较严重，已经多餐不食。我从队医那儿给他拿来晕船药，但效果不明显，早餐后他又吐了。看来，小李需要稍长的适应过程。

初为"教授"

1978 年，我被评为助理研究员。这次我去日本，对方的履历表上有一项要填职称，日本人不知道何谓助理研究员，征得所长曾庆存同意后，我填了"讲师"，也就是说我是以讲师身份参加日本南极考察。

11 月 22 日，会议厅里贴了一张告示："学术报告：1. 南极四面山的物语，川口贞男教授；2. 中国山地气象研究进展，高登义教授"。当时，川口队长已是日本极地所企划部主任，气象学教授。他用日语做报告，神沢先生为我翻译，川口先生用了 20 多分钟。我用英语讲，神沢翻译为日语，报告的时间长达 35 分钟，加上幻灯片近 50 分钟。

做学术报告，我已经习以为常。但当主持人福西副队长宣布"请高登义教授做报告"时，我确实有些激动，因为这是第一次被称为"教授"，而且是在国外。激动之下，竟用刚学来的日语说了句"我叫高登义，来自中国，谢谢福西先生称我为教授。""教授"二字我用的英语，日语和英语混着用，大家笑了。

首次见到浮冰与冰山

1984 年 12 月 8 日早餐时，川口队长将《通过南极圈证书》发给我和李果。证书上写着通过南极圈的日期为 1984 年 12 月 8 日。这是我第一次通过南极圈。

9 日上午 8 时，我到考察船指

通过南极圈证明书

五、从青藏高原走向海洋和南北极

挥桥，但见大雪纷飞，远处有几只海鸥翱翔。如此寒冷的天气海鸥仍飞翔自如，真令人佩服。我正在欣赏中，队员小林先生向我招手，要我去看他抄写的东西。我走近一看，原来他在抄航海日志。上面记着，今晨0时23分，在（南纬55°37.8′、东经104°35.4′）处，首次看到浮冰与冰山；自今晨4时55分起，下雪。我急忙察看时发现远处的一大片浮冰上有3座冰山。离我最近的是一座圆圆的小冰山，另外两座冰山较大，它们漂浮在浮冰之间，组成了宏伟壮丽的冰雪画面。

图1. 三座奇特的冰山在一大片浮冰之间，蔚为壮观
图2. 南极大冰山宛如我国长城

12月11日上午8点，考察船行驶在南纬60°01′、东经84°17′处，风速常在10米/秒左右，船较平稳。我站在指挥台上，惊喜地看到船的右舷约10千米处有一座大冰山，估计面积在1平方千米以上，形如我国的长城。这是我平生第一次见到大冰山，我拿起相机，连拍几张，留作纪念。

眺望窗外，只见雪花在空中飞舞，海鸥在海面上飞翔，仿佛在与雪花嬉戏。婀娜多姿的冰山不时映入眼帘，有的似龙舟，有的似白云，有的似珠穆朗玛峰绒布冰川的冰塔林，有的似海上的万里长城……望着望

着，突然李白的《静夜思》浮现在我的脑海中，我情不自禁地吟出了一首心中的诗：

南极浮冰多英姿，星罗棋布入眼帘。

眺望海面大冰山，疑是万里长城现。

第一次飞上南极大陆

1984 年 12 月 13 日晚，队长通知我和李果，第二天安排我们乘直升机到南极大陆站。这是我平生第一次乘直升机，更是第一次乘坐直升机上南极大陆，很兴奋！

14 日早晨 5 点，船员们开始工作，他们正好在我头顶的甲板上，我被惊醒。6：05 吃早餐。早餐毕，我先到气象室察看天气图，了解当天的飞行天气。

早餐时，队长通知我们 8 点半起飞，是当天的第三个"航班"。但因第一个航班飞行时蓄电池出了故障，我们的航班推迟到 9 点半。

我的登机牌号是 006

在乘坐直升机前，所有乘客提前在后甲板上集合。飞行长先向我们宣布注意事项。之后给每个乘客发一块胸牌，挂在胸前。我的编号是006。起初我不明白为什么要发胸牌，于是问队友，他们有的摇头表示不知道，有的好像不愿意回答。我更觉好奇，就去问飞行长，他见我很执着，又是外国科学家，只好悄悄地对我说："为了应急需要，万一直升机出事，胸牌是辨别遇难者的标志。"我明白了，但心情变得很沉重。

9点半飞机准点起飞。机上的仪表显示，飞行高度为650～700米。当飞过南极大陆边缘时，但见陡峭的冰壁直上直下，与水面几乎呈90°，若要靠自己攀登，真是难以想象。

飞过陡峭的大陆冰缘后，我看见了考察队的大雪车在往南行驶。飞行20分钟后，直升机在一片白茫茫的雪原上着陆了。阳光经白雪反射，十分刺眼。我试着摘下墨镜，但眼睛根本受不了。

下飞机后，我们见十多个队员正忙着卸货，我和李果也一起帮忙。卸货完毕，我与日本队友合影留念。

第一次来到南极大陆上，望着无垠的雪原，颇为兴奋。当我看见不远处有好几辆雪上摩托，就想试一试。福西愿意陪我，他坐在我后面。

我打开油门，摩托车慢慢地行驶。雪面比较平坦，我逐渐加大油门提高了速度。福西着急了，提醒我："Slowly.（慢）"于是我小心地驾驶，我可不愿在日本朋友面前

在南极大陆上卸货完毕与日本队友合影留念

与福西（后）在南极骑雪地摩托

闹笑话，出事故！在茫茫的雪地上，我转了一圈，骑了十来分钟，真过瘾！这是我生平第一次在雪地上骑摩托，也是第一次在南极骑摩托，真难忘！

五星红旗首次在南极昭和站上空招展

　　1985年1月6日前后，天气一直很好，万里无云，日本第26届南极队考察进展顺利。但从天气图形势看，那两天南极半岛常有低压影响，预示着会有不好的天气。

　　12点半，川口队长驾驶雪上履带车，陪同我们去昭和站参观。在离站址约1.5千米处，由于前面无雪，川口停了车。我们三人下车步行。这条被标有昭和站"Highway（高速公路）"的公路上，路面比较平整，全由自然的沙石铺成，很像我国西藏的公路。沿途见到多处油库，最多的一种是橡皮制造的油库，大小不等，从两吨到20吨的容积都有；一种是国内常见的金属油库，呈白色、圆桶状；还有一种是多面立柱式油库。据队长介绍，昭和站每年用油约 300 吨。从"しらせ"船上延伸出来的黑色输油管源源不断地向站上的油库输油。我们正走在"Highway"上，第 25 届队副队长平泽威男开了一辆小拖拉机来接我们。

在南极昭和站五星红旗下留影

　　刚到昭和本部，首先见到的是我国的五星红旗与日本的太阳旗在昭和站上空迎风招展。望着飘扬在南极昭和站上空的五星红旗，我的热泪不禁夺眶而出；我们之所以成为第一批来日本南极站考察的中国科学家，那是有祖国在作后盾啊！联想到我们在日本考察队的日子里，之所以受到日本朋友的尊重与友好相待，那也是中国正在崛起和兴旺发达的缘故。我偷偷擦去眼泪，在五星红旗下留影。

南极大气成分观测研究

　　1985 年 1 月 11 日，经过平泽威男先生同意后，第 25 届队队员盐原匡贵先生和我一道，进行南极气溶胶的观测工作。

　　29 岁的盐原是宇宙空间研究观测组成员，日本东北大学硕士研究生。他曾经研究过南极地区的二氧化碳变化，这次指定他协助我进行地面气溶胶采样工作。

　　几年前，他已经认识我所的同事石广玉博士，当时石广玉在日本东北大学攻读博士学位。盐原酷爱中国古诗，我和他第一次见面时，他就拿出一本《唐诗三百首》给我看，我发现个别地方有误，便与他讨论了起来。例如，李白的名诗"床前明月光，疑是地上霜。举头望明月，低头思故乡。"在日本出版的《唐诗三百首》中，却写作："床前看月光，疑是地上霜。举头望山月，低头思故乡。"

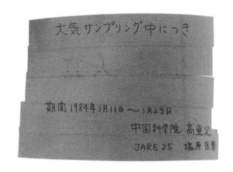

选择气溶胶观测点的条件是：一要远离生活区，二要有电源，三要在上风方向，以便使采样更有代表性。我和盐原匡贵经过一个上午的选点，终于在下午两点半建好站并开始观测。当时盛行偏东风，因此观测点选在昭和站最东侧的一座塔上。电源来自最近的一座观测栋里，引用电源的电线长达 100 多米。为了保障观测顺利，盐原先生还在这座塔上用日语写了："观测重地 请勿靠近"。

1985 年 1 月 11 日下午 1 点整，按照采集大气气溶胶的要求，我

盐原匡贵（赤膊者）和作者等合影

去观测场，准时停止了第三次地面气溶胶采样。停止时的采样通量为 8～9，符合观测规范。采样每 3 天为一个过程，3 次采样共进行了 9 天。

这次采集的南极大气气溶胶样品经过分析研究后，我以《南极昭和基地背景气溶胶的化学成分》为题写成论文，发表在我国《大气科学》上，后被收入《南极科学考察论文集（四）》中。文中指出，在南极大气气溶胶中，硫（S）成分的含量相对最高，其浓度约为 51 毫微克 / 立方米。然而，南极昭和站的硫元素含量仍然可以视为大气气溶胶中硫元素的全球背景值。南极的硫元素以磷酸盐的形态存在。其他大气元素，如硅、钾、钙、铬、铁、铜、锌、氯等的含量都很低，尤其是硅元素含量，仅为 7.13 毫微克 / 立方米。

显而易见，南极硅元素视为大气气溶胶中硅元素的全球背景值，是因为南极大陆几乎全部被厚厚的冰层覆盖，极少裸露岩石，因此大气中当然很难有硅元素的含量。

南极和青藏高原臭氧总量变化研究

南极是研究臭氧含量变化的最好场所，日本昭和站已经有多年的观测资料。我和李果在船上图书室翻阅日本《南极考察资料》，并选择重点作了笔记。我比较感兴趣的是，日本南极昭和站自建站以来的臭氧探空资料，尤其是南极春季平流层爆发性增温期间，几乎每日都有资料。

> ### 知识链接
>
> 大气采样仪是一种分级式撞击采样仪。其工作原理如下：用马达抽气，让采样点大气进入采样仪；当气流进入采样仪后，它将通过一系列直径逐渐缩小的圆孔；进入采样仪的大气中的最大气溶胶粒子，因惯性大不能随气流绕过玛拉膜（涂有黏性物质，厚 2 微米的柱子孔粒薄膜）而黏附在第一级玛拉膜上；余下的气溶胶粒子依次按粒子大小先后分别黏附在第二级、第三级……第八级玛拉膜上。上述八级玛拉膜获取粒子的直径分别为：大于 16 微米、8～16 微米、4～8 微米、2～4 微米、1～2 微米、0.5～1 微米、0.25～0.5 微米和小于 0.25 微米。

这对于分析研究南极春季大气增温过程很有帮助。

征得日本南极考察队同意，我将南极昭和站全部臭氧探空资料复印了一份。有了资料后，我开始阅读有关南极臭氧变化研究的文献。

和李果、盐原匡贵在气溶胶观测站前合影

文献表明，每年 10 ~ 11 月，南极平流层爆发性增温与臭氧浓度突然增大有较大关系。但这种平流层爆发性增温与对流层大气有什么关系，这几篇文献均未提及。

有篇关于南极臭氧总量观测的文章指出，昭和站关于臭氧总量观测的资料并不太全。1961 年开始观测，其后 4 年没有资料记录，1969年虽有逐月资料，但每月也仅有几天的资料。我和福西讨论过此事，他说 TOMS 卫星资料比较全。

在查找臭氧资料和研究文献的同时，我开始着手分析研究资料。我分析了南极昭和站 1979 年和 1980 年春季平流层爆发性增温与臭氧总量的关系。结果表明，这种爆发性增温现象主要出现在 50 百帕层上下，而在 100 百帕层以下丝毫没有爆发性增温现象。配合臭氧含量的垂直分布资料分析，更可清楚地看到，在 50 百帕层以下，臭氧含量随着海拔高度降低而减小。因此，春季，当南极上空臭氧总量突然增加时，爆发性增温主要发生在 100 百帕以上，而在 100 百帕层以下，温度几乎没有什么变化。

南极考察回国后，我抓紧研究，经过半年努力，完成了《春季南极平流层爆发性增温与臭氧变化的关系》和《春季南极区域和青藏高原上空增温过程对比分析》两篇论文，先后发表在1986年《大气科学》

与日本考察队队长川口贞男（左）、李果进行学术交流

上并被收入1989年出版的《南极科学考察论文集》。

论文的结论很有意义。一是在春季，南极昭和站基地平流层爆发性增温和臭氧总量突然减少密切相关，在大多数情况下，当南极平流层爆发性增温两三天后，在平流层下面的对流层上部都有一次较强的增温过程，这个增温过程受平流层增温所影响。

二是青藏高原上空的增温过程与南极截然不同。在青藏高原上，春季的增温现象总是首先在大气低层出现，然后增温中心逐渐向上移动；而在南极，春季增温现象首先出现在大气平流层上部，然后从增温中心逐渐向下移动。这种差异，一方面是由于两个截然不同的地表面对于大气的影响不同造成的。青藏高原地表面以岩石为主，对大气加热，而南极地表面以冰雪为主，对大气冷却。另一方面，春季南极上空臭氧总量减少在平流层非常明显，而青藏高原上空春季在平流层几乎没有变化。

除夕思亲

1985年2月19日，这天是除夕，祖国的亲人们在忙些什么呢？一年的工作圆满完成了吗？新年的工作将如何开展？春节如何欢度？也许家家的年货都办齐，就等过春节了。当地时间10点半左右，北京应是下午3点半了，各单位也许正忙于打扫卫生或正准备会餐。总之，北京应该是一派节日气氛。

除夕我不能与家人团聚，心中不是滋味，总像缺点什么。除夕全家团聚是我国的传统，谁能不想家呢！妻子、儿子、亲人们，我想念你们啊！人生总得要奋斗，有得就有失，南极考察须在南极过春节，我身不由己啊！

考察船航行在南极洋面上。但见大雪纷飞，海雾茫茫，海面波涛汹涌，有时卷起百尺水柱扑打进前舷，浪花高过船头，颇为壮观！船上渐渐积起了雪，起重机长臂上的积雪，宛如北京八达岭长城的雪景；甲板上平坦的积雪，酷似天安门广场披上银装。北京，我想念你！祖国，我思念你！望着海面上漫天飞舞的大雪，我默默地祝福我的祖国"瑞雪兆丰年""百业振兴"！想着想着，不禁吟出了一首七言诗。

思　乡

波涌浪高银花飘，云低雾罩漫无疆。

凝望舰首甲板雪，疑是故宫瓦上霜。

南大洋上风浪把海水卷入考察船前甲板

从南极走向北极

1985 年初中国南极长城站建站后，1986 年我国成立了"中国南极研究学术委员会"。委员会主任是时任中国科学院副院长孙鸿烈研究员，副主任是中国科学院院士刘东生先生。委员会的任务是制定中国南极考察研究的项目和计划，调动全国科研单位和大专院校科研人员投入我国南极科考研究。同时，委员们还非常关心我国北极科学考察站的建立问题。我于 1988 年被聘为该会的学术委员。

就地理范围而言，当时北极地区基本都有了国家归属，那么中国到什么地方建立北极科学考察站呢？这个问题一直是委员们的心病。当时，我是委员会中最年轻的委员，孙鸿烈主任曾经要我关注我国北极建站事宜。我也曾经咨询过我国有关部门，回答都是"不知道"。

自 1984 ~ 1985 年我参加日本南极科学考察以后，国家南极考察办公室每年给我组一个参加日本南极科学考察队名额，我组曲绍厚、邹捍、熊康等先后参加日本南极科学考察。1988 年 11 月 ~ 1989 年 4 月，邹捍参加日本第 29 次南极考察队期间，与挪威卑尔根大学地球物理研究所教授 Y.Gjessing（以下简写为 Y. 叶新）同为考察队的交换学者，同居一室半年。Y. 叶新邀请邹捍去挪威攻读博士。

1990 年上半年，我邀请 Y. 叶新教授访问中国，1991 年 1 月，Y. 叶新发邀请函，邀请我于 1991 年 7 ~ 8 月参加由挪威、苏联、中国和冰岛

中国南极研究学术委员会委员聘书

共同组织的国际北极科学考察。

本节之所以用"从南极走向北极",而不用"从青藏高原走向北极",就是因为此。

解读"中国地球三极考察第一人"

1991 年 1 月 3 日晚,中日联合登山队在攀登梅里雪山过程中,遇到大雪崩,11 名日本登山队员和 6 名中国登山队员不幸遇难。这是当时中国登山史上最大的一次山难,引起国人关注。我受中国登山队领导史占春和许竞的委托,认真分析了此次事故前后的气象资料,认为此次事故是人们不尊重自然规律的结果,想请新闻媒体以科学的态度来剖析事件的起因,汲取经验教训,引起后人警觉与重视。

为此,1991 年 2 月 21 日下午,我和杨逸畴教授约请新华社高级记者张继民来我家,探讨有关梅里雪山事件的科学问题。

我和张继民早在 1988 ~ 1989 年中国南极中山站建站时就是队友,因此,我们谈话开门见山,相当坦率。我指出:根据气象资料分析表明,1991 年 1 月 3 日晚出现的雪崩是梅里雪山地区大雪带来的结果,而此次引起降雪的天气过程比较清楚,是副热带西风带上的低压槽前的暖湿气流与恰好位于梅里雪山地区的锋面共同作用的结果。我国气象学家,尤其是云南省气象局的气象学家可以提前预报的天气变化。然而,中日联合登山队为了节省经费,没有邀请云南省气象局预报员参加登山气象预报,单靠日本登山队长自己在山区用笔记本电脑做登山天气预报,因而造成了如此严重的后果。

张继民认真听了我和杨逸畴教授的分析,并做了笔记。我们希望他能够通过新华社发布消息,给登山界后辈一些启迪。

两个小时的采访时间过去了,张继民起身告别。

临走前,张继民随口问我:"老高,今年有什么新的打算?"

与张继民在"极地号"考察船上

我也随口回答:"挪威卑尔根大学 Y. 叶新副教授邀请我今年七八月参加国际北极科学考察。"

"好哇。"张继民说。

1991 年 2 月 25 日星期一,《人民日报》在第三版刊登了记者张继民的"新华社北京 2 月 24 日电",标题是《曾上珠峰,也下南极,再向北极。高登义将成为中国考察三极第一人》。

当读到这个报道后,我愕然了!立即打电话问张继民:"我们希望解释关于梅里雪山事件的原因,你没有发表相关文章,却把我们聊天说的事给捅出来。而且北极考察还没启动,你怎么就报道呢?万一我要是没有去成,怎么向科学界交代啊!"张继民却不以为然,还兴高采烈地说:"新闻就是要抢时间嘛!"还补充说:"我相信你会成功。"

我理解新闻工作者的新闻敏感性和责任心,却无言以对。

后来我按时完成了北极考察任务,于 1991 年 8 月 19 日返回北京。

张继民记者又发了题为《高登义完成北极考察归来，成为中国三极考察第一人》的报道。

这就是"中国三极考察第一人"的来龙去脉。

喜获"斯瓦尔巴条约"

Y. 叶新有一本挪威文和英文对照的 *"Arctic Pilot"*，即《北极指南》，我翻开一看爱不释手。这本书是由挪威极地研究所和挪威水文服务中心编写，1988 年 5 月出版。此书从斯瓦尔巴群岛的历史，讲到挪威政府对斯瓦尔巴群岛的管理和服务，其中提到 1920 年 2 月 9 日和 1925 年 8 月 14 日先后两次由不同国家签订的"斯瓦尔巴条约"和 1925 年 7 月 17 日签订的"斯瓦尔巴条约"，特别吸引我。

1920 年 2 月 9 日，挪威、美国、丹麦、法国、意大利、日本、荷兰、英国、瑞典等 9 个国家在法国巴黎召开会议，讨论有关斯匹次卑尔根群岛行政状态等问题，会上，挪威获得代管斯瓦尔巴群岛的权利。也是在这个会上，签订了"斯匹次卑尔根条约"，即"斯瓦尔巴条约"。该条约规定了签约国家在斯瓦尔巴群岛上的权利和义务，其中有一条，凡签署了条约的国家有权在斯瓦尔巴建立科学考察站。

1925 年 8 月 14 日,比利时、摩洛哥、瑞士、中国、南斯拉夫、罗马尼亚、芬兰、埃及、希腊、保加利亚、西班牙、德国、汉志、阿富汗、多米尼加共和国、阿根廷、葡萄牙、匈牙利、委内瑞拉、智利、奥地利、爱沙尼亚、阿尔巴尼亚、捷克斯洛伐克、波兰和苏联等 26 个国家加入"斯瓦尔巴

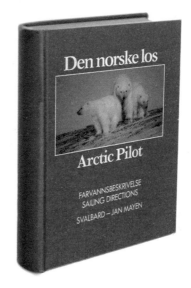

《北极指南》原版书封面

条约"，使得这个条约变得更加权威。从此，中国拥有在斯瓦尔巴群岛建立科学考察站的权力。

Y. 叶新见我如此喜欢这本《北极指南》，可他已在扉页上写上了他自己的姓名，在船上又买不到新书，他急中生智，在他的姓名前加了这样一段话："To Gao Dengyi, Memory from Svalbard, Bjorn Edtingsson, Tor de Lange." 意为高登义斯瓦尔巴留念 Bjorn Edtingsson、Tor de Lange 和 Y. 叶新赠。

漫长的北极建站道路

得到"斯瓦尔巴条约"原文后，我兴奋异常。回国后，我将这一信息通过多种途径转告更多的人。我分别致函全国政协副主席宋健、科技部部长徐冠华、中国科协书记处第一书记张玉台、中国科学院院长路甬祥、全国人大常委会资源环境委员会主任毛如柏等人，说明"斯瓦尔巴

中国伊力特·沐林科学探险北极考察站于 2002 年在北极朗伊尔宾建立

中国北极黄河站于 2003 年在新奥尔松建立

条约"对于我国北极建站的重要性，希望国家尽快赴北极建站。同时也通过中国科学探险协会，积极筹备北极建站事宜。

2001 年，挪威驻中国大使馆致函邀请中国科学探险协会赴北极考察建站，在获得新疆伊力特有限公司等企业的经费支持下，中国科学院、北京大学、中国气象局等科学研究单位和全国主要新闻媒体共同参与。中国伊力特·沐林北极科学探险考察队在 2001 ～ 2003 年期间，在北极朗伊尔宾建立了中国北极伊力特·沐林科学探险考察站。

国务院于 2003 年 7 月批准了国家海洋局极地办公室申请建立北极科学考察站的报告，中国北极黄河站于 2004 年 7 月在新奥尔松正式建立。

中国科学家北极建站的梦想，经过 20 余年的努力，终于实现了。

六、南极中山站建站与中国科学探险协会

1989 年 1 月 21 日，中国科学探险协会在北京成立。

在 1990 年出版的协会内部刊物《科学探险》第一期，曾以《中国科学探险协会在京成立》为题做了报道。

"为适应我国科学探险事业发展的需要，探索大自然的奥秘，加强国际间的合作和交往，由我国长期从事科学探险事业的有志之士发起，经中国科学院申报、国家科委和中国科协批准，中国科学探险协会于 1989 年 1 月 21 日在北京正式成立。"

"我国长期从事科学探险事业和关心科学探险事业的科学家、登山家以及有关领导约 100 人出席了成立大会。会议通过了中国科学探险协会的章程，产生了理事会，聘请国务委员兼国家科委主任宋健同志为名誉主席，选举刘东生教授任主席，王富洲、李宝恒、郭琨、高登义任副主席，王富洲兼秘书长，张洪波、周正、张俊岩、王震环、温景春、严江征任副秘书长。"

"中国科学探险协会主席刘东生教授在大会做了题为《把我国科学探险事业推向新阶段》的报告。"

"中国科学院副院长孙鸿烈、国家体委副主任李凯亭、中华全国体育运动总会副主席韩复东、国家南极考察委员会主任武衡、日本山岳协会秘书长伊丹绍泰、中国地质大学登山队队长郭兴先

1990

科学探险

2 无限风光在险峰（代发刊词）
3 中国科学探险协会在京成立
5 深入"死亡之海" …………杨逸畴
17 初探可可西里无人区 …………李炳元
28 乌拉培·木孜塔格峰与中国最大的
   "野生动物园" …………周 正
35 中国首次南极大陆考察
   …………高登义 郭 琨
44 中国科学探险协会主席刘东生教授
   在成立大会上的讲话
46 中国科学院副院长孙鸿烈教授在成
   立大会上的讲话
46 国家体育运动委员会李凯亭副主任
   在成立大会上的讲话
48 国家南极考察委员会武衡主任在成
   立大会上的讲话
50 中华全国体育运动总会韩复东副主
   席在成立大会上的讲话
51 中国地质大学登山队郭兴队长在成
   立大会上的讲话
51 日本山岳协会秘书长伊丹绍泰先生
   在成立大会上的讲话
52 前进的中国科学探险协会
54 中国科学探险协会试行章程
58 中国科学探险协会理事会
60 《科学探险》杂志编辑委员会
封底 准备飞越珠穆朗玛峰的探险气球
      整装待发 …………徐讯
封底 可可西里地区的冰川河 …………杜泽泉

《科学探险》第 1 期目录

后在会上讲了话，衷心祝贺中国科学探险协会成立，并预祝中国科学探险协会取得更大的成就。"

我和郭琨副主席没有出席此次大会，因为我们当时正在南极建立我国的中山

与郭琨从浮冰围困区"胜利突围"

站。中国科学探险协会成立的当天，恰好是我们的"极地号"考察船被冰崩围困 7 天后，胜利冲出浮冰和冰山的围困的同一天，可谓"双喜临门"！怀着极其愉悦的心情，我与郭琨联名给中国科学探险协会发了贺电。

近来，每当我回忆起这两件喜事的巧合，每当想起我们建成南极中山站的光辉成就，想起中国科学探险协会成立后所走过的辉煌而艰辛的历程，我情不自禁地惊叹: 两者何其相似啊！难道这就是历史的巧合吗？

科学探险与中国科学探险协会的由来

1988 年初，中国登山协会副主席王富洲同志约我一道拜访中国科学院副院长孙鸿烈研究员，希望在中国科学院下面成立"中国探险家协会"。

由于这个协会的名称中没有"科学"二字，孙鸿烈副院长当场表示

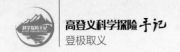

"不妥"。过几天，我向王富洲建议，将"中国探险家协会"改为"中国科学探险家协会"，王富洲欣然同意。我们再次向孙鸿烈副院长汇报。

孙副院长听了我们的汇报后，说："现在有科学两字了，好。不过中国科学探险家毕竟是少数，协会应该面向广大的科学探险工作者，建议去掉'家'字，改叫'中国科学探险协会'为好。"

在中国科学院副院长孙鸿烈的大力支持下，按照国家科委对全国性学会申请的要求，由中国科学院行文，报国家科学技术委员会申请，成立了中国科学探险协会。

在时任中国科学技术协会书记处书记刘东生院士的努力下，中国科学探险协会被列入中国科学技术协会下辖的全国性一级学会，后在国家民政部登记为全国性群众学术团体。

1　2　图 1. 与孙鸿烈（左）在美国（1981 年）
　　　图 2. 孙鸿烈（左）与王富洲（右）出席庆典活动

群英荟萃的中国科学探险协会

1989 年初正式成立的中国科学探险协会是由当时我国在科学探险方面的精英组成。成员包括三个方面的专家，一是长期从事青藏高原和国内野外科学考察的科学家，二是长期从事登山的探险家，三是长期从事南极科学考察的科学家。他们有的来自中国科学院和大专院校，有的来自中国登山队及西藏登山队，还有的来自中国南极考察委员会。

协会的顾问都是当时中国科学探险界的知名专家或热爱与支持科学探险的名家。

趣闻轶事

有趣的是，在讨论中国科学探险协会名称过程中，产生了一个新的词汇——"科学探险"。

何谓科学探险？科学探险与探险、冒险有什么区别？

在请教刘东生、孙鸿烈等科学探险前辈后，我认为：

以科学研究为目的，以科学思想方法为指导，具有一定风险的探索活动，就是"科学探险"。

不以科学研究为目的，但以科学思想方法为指导，具有一定风险的探索活动，叫"探险"。

不以科学研究为目的，也不以科学思想方法为指导的具有一定风险的探索活动，叫"冒险"。

科学探险与探险，在思想方法上是一致的，不同在于目的性；而冒险则是既无科学研究目的，亦无科学思想方法指导，是不值得提倡的。

中国科学探险协会人员名单：

顾问

毛如柏：气象学家，曾任西藏自治区常务副主席，宁夏回族自治区党委书记，全国人大常委会环境与资源委员会主任

叶笃正：大气物理学家，中国科学院院士，曾任中国科学院大气物理研究所所长，中国科学院副院长，2005 年"国家科技成就奖"最高奖获得者，2007 年世界天文学会以他的名字命名了一颗星——"叶笃

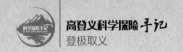
正星"

朱训：地质矿产部副部长，中国地质大学校长

朱弘复：国际知名昆虫学家，中国科学院动物研究所所长

曲格平：国际知名环境学教授，曾任国家环保局局长，全国人大常委会环境与资源委员会主任

乔加钦：老红军，曾任中国登山协会主席，西藏自治区政府秘书长、中国旅游局副局长

孙鸿烈：土壤学家，中国科学院院士，曾任中国科学院青藏高原科学考察队队长、中国科学院综合考察委员会主任、中国科学院副院长、国际教科联副主席

何光伟：中国旅游协会会长

何志强：云南省副省长

中国科学探险协会第一届部分领导与名誉主席宋健合影（左起：高登义、李宝恒、刘东生、宋健、郭琨、周正、刘慎芳）

李凯亭：国家体委副主任

陈昊苏：曾任中国广播电影电视部副部长，北京市副市长

陈明义：曾任西藏军区司令员，成都军区副司令员

武衡：中国科学院院士，曾任国家科委副主任，国家南极考察委员会主任

姜洪泉：曾任西藏军区司令员，成都军区副司令员，北京军区副司令员

郭超人：新华社高级记者，1960年中国登山队攀登珠峰随队记者，曾任新华社副社长等

高焕昌：新疆军区司令员

涂光炽：地质学家，中国科学院院士，时任中国科学院地学部主任

黄宝璋：新疆维吾尔自治区人民政府副主席

曾呈奎：海洋生物学家，中国科学院院士

韩复东：中国体育运动总会副主席

施雅风：冰川学家，中国科学院院士，曾任中国科学院冰川与冻土沙漠研究所所长，1964年中国学院希夏邦马峰科学考察队队长

孙枢：地质学家，中国科学院院士，曾任中国科学院地质研究所所长，国家自然科学基金委副主任

陈宜瑜：水生生物学家，中国科学院院士，曾任中国科学院武汉水生生物研究所所长，中国科学院副院长，国家自然科学基金委主任

欧阳自远：天体化学与地球化学家，中国月球探测工程首席科学家，中国科学院院士，曾任中国科学院资源环境局局长，贵州省人大常委会副主任等

李家洋：遗传学家，中国科学院院士，曾任中国科学院副院长，农业部副部长

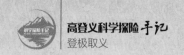
张健民：高级经济师，先后担任北京市副市长、北京市人大常委会主任等

张新世：生物学家，中国科学院院士

名誉主席

宋健：空气动力学专家，中国科学院和中国工程院院士，国务委员兼国家科委主任

主席

刘东生：地质学家，中国科学院院士，2003年"国家科技成就奖"最高奖获得者，2005年世界天文学会以他的名字命名了一颗星——"刘东生星"

副主席

王富洲：兼秘书长，知名登山家，时任中国登山队政委，1960年登上珠穆朗玛峰顶峰，是世界上第一批成功从北坡攀登珠穆朗玛峰的人

李宝恒：时任中国科学技术协会书记处书记

郭琨：气象学家，时任南极考察办公室主任，我国南极长城站和中

中国科学探险协会部分第一届顾问和理事

山站建站考察队队长

高登义：大气物理学家，中国大陆完成地球三极科学考察第一人，全国优秀科技工作者，时任中国科学院大气物理研究所高山极地海洋科学实验室主任

理事

王勇、王克忠、王振寰、王桂方、王寅虎、王富洲、王富葆、文世宣、

1 图 1. 中国科学探险协会第四次全国会员代表大会代表合影

2 3 图 2. 中国科学探险协会部分顾问和理事参加《亲近地球三极展》开幕式（左起：屈银华、孙枢、毛如柏、邓楠、叶笃正、高登义、王富洲、殷虹、王渝生）（霍翠萍摄）

图 3. 中国科学探险协会第三次全国代表大会部分代表合影（左起：秦大河、刘东生、高登义、杜泽泉）

石玉林、吕一山、吕绿生、闫其德、朱震达、刘玉凯、刘东生、刘慎芳、许放、孙枢、吴明、杜泽泉、杨继祖、杨逸畴、克尤木·巴吾东、贡布、李文华、李宝恒、李渤生、严江征、欧阳自远、汪松、张祥、张寿越、张俊岩、张秉志、张敖罗、陈式文、陈荣昌、陈雷生、阿沛仁青、武素功、易善锋、周正、姚五良、赵章先、屈银华、钟祥浩、俞绍祥、施雅风、洛桑达瓦、袁扬、贾根正、夏训诚、钱迎倩、翁庆章、郭兴、郭琨、高钦泉、高登义、卿建军、黄万波、曹慧英、崔之久、崔泰山、董专亮、董兆乾、鲁光、谢自楚、藤庭康、温景春、潘多、颜其德、魏江春、魏锡禄

在探险协会理事中，石玉林、李文华、文世宣、魏江春等后来成为中国科学院或中国工程院院士，王富洲、屈银华、贡布是世界上第一批从北坡登顶珠穆朗玛峰的人，潘多是世界上第一位从北坡登顶珠穆朗玛峰的女性，董兆乾是我国第一批去南极科学考察的人，曹慧英是获世界冠军的中国女排第一任队长，谢自楚曾经担任中国科学院冰川冻土研究所所长，杨逸畴是论证雅鲁藏布江大峡谷为世界第一大

协会理事曹慧英（左）与王富洲（中）、张俊岩在一起

峡谷的主要科学家。

　　特别要提的是，我珍藏的一个排球是中国科学探险协会第一届理事、获得世界冠军的中国女排第一任女排队长曹慧英赠送的，排球上有中国女排获得世界女排冠军全体队员和教练员的签名。这个珍贵的纪念品是通过协会创始人之一王富洲获得的。

图 1. 协会理事谢自楚（右 1）与殷虹（右 2）、刘东生（左 2）在一起

图 2. 杨逸畴在雅鲁藏布大峡谷科学考察（1998 年）

图 3. 中国女排队长曹慧英赠送我的有全体女排队员和教练员签名的排球

七、从"吃皇粮"到与企业、媒体相结合

1993 年以后，随着国际经济的衰退和国内其他探险组织的兴起，协会与国外科学探险家的合作基本停止。

在这种大环境背景下，中国科学探险协会及时转变思路，在我国科学家过去科学探险考察研究的基础上，提出了新的科学探险考察题目，自己设计探险考察计划，自己筹集资金。

在得到中国科学院、中国科学技术协会、西藏自治区人民政府、青海省人民政府、国家林业部、国家环保局、国家旅游局、极地考察办公室等部门的支持下，我们与企业家和新闻媒体合作，走一条"科学、企业、新闻媒体三结合"的道路。从国内的珠峰、雅鲁藏布大峡谷、三江源、巴丹吉林沙漠、大香格里拉、塔克拉玛干沙漠地区等走向北极、南极、亚马孙和东非大裂谷。

我组织并参加了 1996 年的清洁珠峰活动、1998 年的徒步穿越雅鲁藏布大峡谷科学探险考察、2001 ～ 2003 年的北极综合科学考察和建站、2005 年的亚马孙科学探险考察、2006 年的大香格里拉综合科学探险考察和 2008 年的东非大裂谷科学探险考察。

尝试"科学、企业与媒体三结合之路"

中国科学探险协会在完成 1993 年的中日合作雅鲁藏布江流域综合科学探险考察项目后，我们开始尝试自己立题、自己寻找经费进行科学探险活动。

第一个项目是"清洁珠峰"活动。当时正好云南有一个地方的探险组织非常有兴趣，愿意自筹经费承办。可在执行过程中，除了国家旅游局、国家环保局支持外，协会还是出资相当一部分才圆满完成了"清洁珠峰"的活动。

　　"清洁珠峰"是规模较小的活动，耗费资金也相对较少，协会还能够把过去结余的资金用来支持。但对于大型科学探险项目而言，这可是"杯水车薪"。

　　1996年5月27日至31日，中国科学技术协会在北京召开了第五次全国代表大会。王富洲和我作为中国科学探险协会代表出席了这次大会。党和国家领导人江泽民、李鹏、乔石、李瑞环、朱镕基、刘华清、胡锦涛出席了开幕式。当时代表党中央负责联系中国科协的国务院副总理温家宝在会议期间做了报告。

　　温家宝副总理在报告中提出，中国科协所辖的全国性一级学会要带头走科学与企业相结合的道路。他强调，我国科学家要两条腿走路，一条是靠国家支持，就是"吃皇粮"；一条是与企业结合，尽快把科技成

1996年春，国家环保局、旅游局、中国科学探险协会、西藏登山协会主办的"清洁珠峰"活动

中国科学院陈宜瑜副院长（前排左1）率代表团访问挪威（前排左2秦大河、左3高登义、左4张兴根）

果转换为促进国民经济发展的生产力，在结合中得到企业的经费支持。中国科学探险协会认真学习温家宝副总理的讲话精神，结合协会的情况，我们发现，当我们根据过去科考研究的遗留问题提出新的科考项目时，我国一些重要新闻媒体，如新华社、人民日报社、中央电视台都非常愿意参加。例如，当我们于1994年论证雅鲁藏布大峡谷为世界第一大峡谷之后，我们针对过去没有完成科学考察的近200千米的艰险河段，提出徒步穿越世界第一大峡谷项目时，各新闻媒体纷纷要求参加。与此同时，一些企业也愿意支持。

当我们提出"科学、企业、媒体三结合"的想法时，首先得到了协会主席刘东生院士的肯定，也得到了中国科学院三位副院长叶笃正、孙鸿烈和陈宜瑜院士的支持，为我们探索这条创新之路树立了信心。

尝试"科学、企业与媒体三结合"道路的得与失

前人说过，世上本没有路，走的人多了，也就成了路。这句话，我不知听过、看过多少遍，但对它的真谛却在这次徒步穿越大峡谷中才有了深刻的理解和真切的感受：要走出一条可行之路，真的不容易啊！任何一条路，总得有人带头走。

我从 1963 年大学毕业分配到中国科学院后，一直是"吃皇粮"，一直是按照 "实践 - 认识 - 再实践 - 再认识"的科研之路走着，还取得了一点成就。此次参加徒步穿越的科学家们也和我一样，"吃皇粮"，也都取得了一定的科学成果。如果国家再下达任务要我们去徒步穿越雅鲁藏布大峡谷，对我们这些人来说，那是轻车熟路，毫无问题。

然而，面对主要位于我国境内的世界第一大峡谷，国家和中国科学院却暂时没能对它进行深入考察研究，这对于长期从事雅鲁藏布江流域考察研究的中老年科技工作者来说，真有点时不我待之感。

而此时国家希望科学家走"科学与企业结合"的新路，给我们这些中老年科学家们莫大鼓舞，人人跃跃欲试。

我们满怀希望，因此，当一家公司与中国科学探险协会签订了赞助协议，并首先拨给协会 50 万元人民币后，科学家从来没有想到签了的协议会不执行。

真是万事开头难啊！

按徒步穿越考察计划，考察队原定 1998 年 10 月 5 日（星期一）离开北京。然而，赞助单位的经费 9 月 30 日仍没有到位，只保证 10月上旬解决。10 月 2 日下午，考察队在协会发放考察装备，宣布考察计划和注意事项，并将出发时间推迟到 10 月 12 日。10 月 8 日，协会向赞助单位催款，赞助单位满口答应会在次日把赞助经费拨到协会账户。

10月9日下午5点，赞助经费仍然没有到位。我们被迫推迟一周出发。

10月19日，98中国天年雅鲁藏布大峡谷科学探险考察队终于成行，但赞助经费总共到位不足100万元。

11月19日晚，王维告诉我，手边经费只有3万多元，待第一、二分队出来，仅民工费就至少要15万元，必需赶紧打电话催款。我考虑再三，给在北京的王富洲打电话，请他催款。打到家里，无人接，打到他女儿家，也无人接，打手机，未开机。真急人！最后打到办公室，接电话的小夏答应转告王富洲速回电话。

之后，我又先后两次电话王富洲，请求他们一定要尽快带20万元来，才够支付民工费用。王富洲答应和孙总当天离京，带来10万元，另外10万元，于12月1日托人带来。

面对经费困难，副政委陶宝祥主动请求提前返京催款并向院里汇报求援。

我拿出纸笔，给院领导和资源环境局写了一封信，托陶宝祥捎回。

王维在考察中

宜瑜、传杰、大河：

你们好！

此次徒步穿越世界第一大峡谷科学探险考察，一直得到院领导的关心和支持，科学院办公厅的慰问信和传杰同志来电话慰问，极大地鼓舞了全队同志。全队预计于12月4日前完成穿越任务；12月10日左右返京。

此次探险考察，确实难度很大，收获不小。这是我院领导多年来对我院科学工作者培养和教育的结果。相信此次考察取得的科学成果会为科学院增光，为西藏甚至全中国的社会主义经济建设和科学发展做出应有的贡献。详情待回京后汇报。

此次派我队负责人陶宝祥同志提前返京，主要是为考察经费来求援。这是由于此次中央电视台是自费参加探险考察，因此决定不报道"天年"。为此，天年公司大为不满（其实，在报纸上有多次报道"天年"），经费迟迟不落实，至今只到位20万元，而仅民工费就需要45万元左右，我们还缺20万元，才能保证全队返京。请院领导支持20万元以解燃眉之急。待"天年"经费到位后一定奉还。如若"天年"经费不能到位，请院里作为对该项目研究经费的支持（曾向宜瑜和大河汇报，该项目作为院重大项目，院里象征性支持一点经费）。

我作为科学院一名老科学考察队员，凭我的人格和良心，无奈才向院里求援。急盼佳音！

高登义敬上

1998.11.25

11月27日，赞助单位代表、考察队副队长于显光随身带着10万元现金，还带着修纪念碑需用的水泥和碑文，从排龙赶往扎曲大本营。为了尽快赶到，他们把两天的路程一天走完。队员林永健和于显光同行。我们在大本营等候。

已经夜里9点过了，和于显光同行的民工已经赶到，卸下沉重的水泥后，紧急报告于显光病倒在途中。我立即安排周立波、徐进前去迎接，记者多穷自告奋勇同行。几个民工刚卸下东西，连水都还没来得及喝，也要求返回去接于显光。他们说："他是我们的朋友嘛，我们要去。"

副队长于显光在扎曲整理标本

3名队员，4个民工，带着摄像机和摄影灯去了。约15分钟后，徐进打来电话，说："见到老于，他休克了。""赶紧抢救，给他喝点

周立波在大峡谷

徐进在大峡谷

开水。"我说。过了一会儿，徐进又说："民工要背他，有困难，我们架他上来。""好吧，小心！"就这样，于显光被架了上来，扶进小木屋（厨房），他仍然昏迷不醒。队员白坤义略通医术，猛按老于的人中穴位。过一会儿，于显光醒了过来，喝了开水，大家才放下心来。

我从老于衣领上抓下一条蚂蟥，徐进和周立波说，在老于晕倒的地方，他们已替他抓掉好几条了，全都圆鼓鼓的。蚂蟥也会乘人之危啊！

于显光一醒过来就赶忙告诉王维，"10万元放在背包的最下层"。这是大事，解了燃眉之急啊！

12月2日，政委王富洲、西藏自治区体委副主任达瓦和赞助单位代表孙继国等来到大本营，也带来10万元。随行的还有"安安集团"老总，据说是孙继国请来赞助在拉萨召开庆功会的。

离开拉萨时，考察队没钱支付在拉萨的旅馆住宿费，幸好得到西藏有关方面的理解，由政委王富洲签名，打了欠条。

后来这些欠款，都是由我们协会一点一点还清的。

此次徒步穿越雅鲁藏布大峡谷，认识了雅鲁藏布大峡谷水汽通道对青藏高原东南部气候环境的奇特影响，这是远比科学论文和科学专著影响范围更广泛、更深入的科学普及。人们在欣赏雅鲁藏布大峡谷雄伟壮

中央电视台祥祖军在穿越大峡谷中即时报道　　　中央电视台在穿越大峡谷中即时报道

丽的风光的同时，加深了对祖国大好河山的热爱。见证了科学家如何在中国登山家和当地门巴族、藏族同胞的帮助下，历尽艰险，圆满地完成科考工作……进而明白科学探险和科考研究必须遵循自然规律，认识自我，以便达到"知天知己"，方能有所发现，有所成就。

应该说科学与新闻媒体相结合，实事求是地适时宣传，是科学普及最广泛、最快速的途径之一。

路漫漫其修远兮，在后来的"澜沧江源头探险考察""三江源自然保护区考察"和"北极建站考察"等科学探险活动中，这条三结合的道路越走越宽广。

新华社记者张继民在大峡谷

八、从科学考察到科普考察

自2007年以来，中国科学探险协会与北京青少年科技俱乐部活动委员会合作，先后组织中学生赴地球三极科学普及考察。其中15次赴北极、1次赴南极、1次赴珠峰，共约500人参加科普考察活动。北京四中有两位同学成为我国首批完成地球三极科学普及考察的青少年。

北极青少年科普考察活动是由中国科学探险协会国际合作部主任刘丽负责对外联络和设计考察路线等。

中国科学探险协会与北京青少年科技俱乐部活动委员会合作的地球三极科学普及考察，属于"野外科普考察"活动。

刘丽在北极

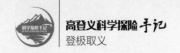

首次北京高中生北极科普考察

2006 年，北京青少年科技俱乐部活动委员会秘书长周琳邀请我先后给科技俱乐部的几所基地学校做"亲近地球三极"的科普报告。在报告后的讨论中，学校师生对南极、北极都非常向往，渴望有机会接近纯洁的大自然，特别是希望能够跟随极地科学家前往北极、南极科普考察。于是，中国科学探险协会与北京青少年科技俱乐部开始筹备组织北京高中生北极科普考察。

在北极，老师与学生一起展开北京青少年科技俱乐部野外科学考察队队旗

和家长们一起确定考察课题

2007 年 5 月 20 日是星期日，在中国科学院大气物理研究所召开第一次北京中学生北极科普考察预备会。会议室里，除了 19 名准备赴北极参加科普考察的师生外，还有 20 多名家长。望着这些认真积极的家长们，我深深感到带领中学生赴北极科普考察责任重大。

会议还没有开始，有的家长就向我提出了这样那样的问题，诸如，去北极考察危险吗？能够开展什么科学考察活动？需要穿什么衣服……

好几位家长还走近我，小声地问："是您带队吗？"当我坦诚地回答"是"时，家长们都高兴地和我握手致谢。

面对这些热情的家长们，我投入了更大的热情作科普报告。

我用一个小时的时间，介绍了中国科学家与炎黄子孙走进北极、认识北极的历程。同时介绍了中国科学家在北极地区科学考察研究中所取得的初步成果，还有他们认识大自然、认识自我的过程。

报告结束后，与会同学及家长讨论非常热烈，提出了不少具体的问题。诸如，全球气候变暖对北极冰雪的影响，北极植被与青藏高原植被的异同，学生如何去北极冰川考察，老师如何带领学生科学考察，北极熊对人的威胁情况，北极 UNIS 大学的情况，北极 Longyearbyen 的生活状况……

在我与同学、家长的交流中，我发现家长对于此次北极科普考察的关心程度远远高于学生。

讨论结束前，我向与会的同学、老师和家长提出了几个可供考虑的科考题目，如：北极 Longyearbyen 地区的冰雪环境现状及其变化观测研究，北极 Longyearbyen 水环境现状及其变化观测研究，北极 Longyearbyen 大气光学现象观测研究，北极 Longyearbyen 地区植被分布观测研究……

会议结束后，由秘书长周琳牵头，各学校老师负责，部长刘丽协调，通过北京青少年科技俱乐部活动委员会科研基地的辅导老师，尽快落实了如下科研课题。

（1）北极斯瓦尔巴群岛（Svalbard）雪坑及河流主要离子特征。

（2）北极和青藏高原冰川与我们的生活。

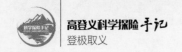
（3）北极变化对中国环境的影响。

（4）人类与北极关系调查。

中国人民大学附中选择了第（1）（2）题，依托科学研究机构是中国科学院青藏高原研究所和中国科学院地质与地球科学研究所。北京大学附中选择第（3）题，依托的研究机构是中国科学院地理与资源研究所。北京四中选择第（4）题，依托的研究所是中国科学院植物研究所。

考察朗伊尔宾1号冰川

2007年7月8日，按计划，我们去朗伊尔宾1号冰川考察。挪威朋友Y.叶新教授送来两支步枪，作为防御北极熊侵袭的武器。

1号冰川位于朗伊尔宾市区的东北侧，距离我们的住地约6000米。

我们驱车来到一条河畔后，下车步行前往。抵达冰川脚下时，一条冰川融水形成的小溪阻挡了我们前进的脚步。

经过一番周折后，我们决定绕道，从1号冰川背后的山坡攀登，然后再翻越山脊，抵达1号冰川。

路是新路，环境是新环境，孩子们兴趣盎然，努力攀登。

1　2　图1.同学们正在攀登冰川
图2.休息时，北京四中李金燕老师在给同学们讲解注意事项

图 1. 同学们登上朗伊尔宾 1 号冰川，欣喜若狂
图 2. 一名男同学捡到化石让我帮助鉴别（刘丽摄）

不到两个小时，大家登上了 1 号冰川。

北京四中李京燕老师为孩子们布置考察任务。我把识别化石的方法和化石可能存在的位置告诉队员们，特别提醒要在冰川运动刚刚推出石头的地方寻找。

一阵欢快的"呵……呵……"声后，队员们开始寻找化石。大家纷纷寻找冰川新推出的石头堆。孩子们找到疑似化石的石块都来让我鉴别。

北京四中有位男同学拿来一块石头让我鉴别。

"这是一块植物种子化石！"我兴奋地告诉他。附近的队员们立刻围过来观看。在他的带动下，有 4 位队员采集到了植物种子化石。其中有一块非常完整且清晰的植物种子化石，现保存在北京四中的展览

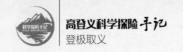

馆中。

在采集了冰雪样品并拍照后，为安全起见，我们沿路返回。

朗伊尔宾科普考察结硕果

人大附中高二年级的女生钟灵在参加北极考察前与两位教授保持着联系，分别是中国科学院青藏高原研究所康世昌教授、地质与地球科学研究所储国强教授，并对此次考察研究北极冰雪和水环境变化做好了充分准备。冰雪和水样品采集的容器严格按照科学要求准备。

到达北极后，得知 Y. 叶新教授既是气象学家又是冰川学家，她就主动要求轮换住进 Y. 叶新教授家中，抓紧时间向 Y. 叶新教授请教如何挖雪坑、如何采集雪样等，深得 Y. 叶新教授喜爱。热情的 Y. 叶新教授亲自带她选择采样点，就连挖坑、采样等都亲自辅导。在该校范老师和周琳老师的帮助下，他们在冰川多年平衡线之上采集了两个雪坑样品，取得了有效的野外第一手资料。

钟灵同学回京后，立即把样品分别送到康世昌、储国强教授的实验室，在教授指导下，分析样品，测得数据，撰写了《北极斯瓦尔巴群岛（Svalbard）雪坑及河流主要离子特征》一文。这篇论文先后参加了"北京青少年科技创新大赛"和"明天小小科学家"评比活动，都获得了二等奖。

钟灵同学在这

钟灵同学（中）向 Y. 叶新教授（左 1）请教（刘丽摄）

篇论文最后的致谢辞中有这么一段话，也许能够反映此次参加北极科考同学的共同心声。

"回首这项研究，从查阅资料，到研究项目的确定、策划，实验准备、采样的保存、测试，以及拟定论文提纲，到最终完成论文写作，我体验了科学研究的艰辛和严谨，也感受到获得科研成果的自豪与喜悦。每一个环节中的每一个问题的解决都不是那么顺利，但我一次次得到了各位师长和专家的帮助。想起这些经历我就觉得我是多么的幸运！它让我懂得珍惜、懂得热爱；懂得坚强、懂得追求。再次感谢所有关心、帮助和支持我的人，我一定要像你们一样做一个对社会有贡献的人。"

北极格陵兰冰盖的召唤

2009 年 7 月 15 日下午 15 时，中国科学探险协会和北京青少年科技俱乐部活动委员会联合组织的"北极格陵兰北京中学生考察队"一行 26 人，乘飞机离开北京，前往北极格陵兰科普考察。

考察队在队长周琳、刘丽带领下，由北京四中、北京五中和北京101 中学的马老师、秦老师和 21 位优秀同学组成，我被邀请作为此次考察的科学顾问。

考察时间是 2009 年 7 月 15～26 日，考察区域是北极格陵兰西海岸北纬 66°40′到北纬 72°附近地区。

这次我们组织的北京中学生北极格陵兰考察活动，是国内组织的第一次，具有明确的探索目的。

考察题目有：北极格陵兰与北京植物对比观测研究；北极格陵兰土著居民的历史调查；中国企业家介入格陵兰经济开发可能性调查；认识北极地区冰雪世界有绿洲的原因；认识气候变暖对北极冰雪的影响；北极格陵兰西部海域鲸的习性调查与拍摄；北极格陵兰西海岸蚊虫习性调查……

八、从科学考察到科学普及考察

差一点没有成行

之前，中国科学探险协会曾经多次组织北极科学考察和科普考察，都是通过与挪威科学研究单位合作，在挪威驻中国大使馆办理文化签证，非常顺利。

然而，此次去格陵兰科普考察必须通过丹麦驻中国大使馆签证。丹麦大使馆要求我们办旅游签证，这就必须依托国内的旅游公司。问题来了，公司要求交管理费5万元，还必须派一名导游随行，导游的一切费用由我们负责。这十来万元的额外费用我们无法承担。情况紧急，刘丽急中生智，建议用我的"挪威卑尔根大学荣誉博士"身份试试。

当刘丽把我的"挪威卑尔根大学荣誉博士证书"发送给丹麦大使馆并详细介绍中国科学探险协会在北极建站等科学研究工作后，丹麦大使馆终于同意我们办理文化签证。免去了那笔巨额费用，我们才得以成行。

寻访因纽特人踪迹

2009年7月19日10时，考察船到达Uummannaq（北纬70°40'、西经52°08'）。这里很美，背靠宛如心灵的山，面临浩瀚的大海，捕鱼打猎，生活有靠。我为因纽特人的聪明智慧而欣慰！

学生们有一个课题是调查因纽特人的发展历史。今天的任务是想法访问当地的因纽特人。

最大的困难是语言不通。

一位看上去约50岁的慈祥妇女成为我们追寻访问的第一个对象。开始，我让孩子们去接近这位妇女，但没有成功。

在同学们的要求下，我热情地走近这位

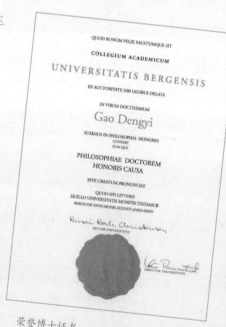

荣誉博士证书

妇女，尽可能用肢体语言表
示要去她家访问，她微笑着，
示意我们跟上。我们紧紧跟
随她攀上木制的楼梯，来到
了她的家。

主人的房屋面临大海，
眺望海面一览无余。这位妇女
介绍了家里的男主人——她的
丈夫。主人家很干净，也比较
整齐，接待我们这群不速之客，
显然没有任何准备。

交流中，我们知道主人的
儿子在美国攻读硕士，他们为
自己的儿子感到骄傲和自豪。

我们赠送主人礼品后，
女主人拿出一副自织的毛线手
腕护套送给刘丽。刘丽非常感

主人房屋面向大海

动，毫无准备的她情急中，把围在脖子上的围巾送给了女主人。在热
烈友好的气氛中，大家开心地合影留念。

分别时，主人夫妇依依不舍，在门口挥手送行。当我按下快门的一
瞬间，心里似乎感觉到了惺惺相惜之情。

就在我告别主人返回的途中，突然那位主妇追了上来，她手中挥着
登山杖，向我们呼喊着什么。我一看就明白，原来我把登山杖落在她家
了，我赶忙迎了上去，接过登山杖并握手致谢，还和她合影留念。

从我看见主人高举登山杖示意，到我与女主人合影留念的过程中，

刘丽解下围巾赠送主人　　　　　　　　女主人送还我的登山杖

我心底流过一股又一股暖流，心中有一种说不出的感觉，仿佛是海外遇乡亲，又仿佛是他乡遇故人……这也许是学生们追寻因纽特人发展历史的一种潜在意识吧！我吟了一首诗：

第一大岛访土著，华夏儿女心同步。

言语不通情相连，短暂时光永留驻。

经过再三寻找，我们终于访问到了能够用英文与我们交流的因纽特人和一位长期居住在格陵兰的法国人。从他们那里，学生们调查到了一些有关因纽特人发展历史和迁徙途径的材料。在此次调查的基础上，同学们又根据格陵兰西海岸有利于人类生存的自然条件，初步认定，因纽特人的祖先很可能是蒙古人，他们可能是经过白令海峡从北美洲来到格陵兰岛的。

学生们与一位会讲英语的因纽特女士交流

倾情传播中国文化

2010 年 7 月 29 日晚 10 时起，考察队的同学们与考察船上的外国朋友进行了长达两个多小时的文化交流。船上最大的、可容纳近百人的报告厅座无虚席，充满热烈而活跃的气氛。

文化交流内容主要是中国书法和太极拳。

中国书法由北京四中女生秦达然主持，太极拳由北师大二附中宋天泽与北京四中同学联合主持。

在书法交流时间，秦达然同学先简单讲解握笔、书写的基本要求，然后手把手一个个地教。当外国朋友完成一幅作品时，骄傲地请大家为他们照相留念。

太极拳的展示就更热闹了。"拳师"宋天泽同学在台上认真表演时，台下的拳友已经跟着练起来了。当宋"拳师"刚表演完，便和拳友们一起练开了。有趣的是，第二天，我们上岸去因纽特人家访问时，孩子们居然也给我们表演太极拳。

北师大二附中年轻的女老师奚盼不仅负责组织了这次活动，而且还拍摄记录了活动的全过程。

1 2　图 1. 秦达然同学手把手地传授中国书法
图 2. 宋天泽同学当起太极拳师

八、从科学考察到科学普及考察

1　2　图 1. 外国朋友认认真真地跟着拳师练习
图 2. 孩子们在路上像模像样地练习

对这次活动，同学们的自豪感洋溢于眉宇之间，他们首次在国外体会到了中华文化的魅力，体会到自己也能传播中华文化自豪感。

组织中学生到北极地区考察的目的一是让孩子们在亲近北极的过程中认识大自然，更重要的是在科学家带领下，把科考研究北极的意识传播给孩子们，以便师生共同认识北极。

访问中国北极科考站

2010 年 7 月 24 日，晨，天气晴

今天要去新奥尔松参观中国黄河站。新奥尔松是 2004 年中国政府建立中国北极黄河站的地方，也是我自 1991 年以来访问过近 10 次的地方，我的一位挪威朋友莫妮卡（Monica Kristensen）曾在新奥尔松国际科学考察站任站长。

即将故地重游，我浮想联翩，黄河站现在还有我认识的同行吗？

同学们听说要去参观黄河站，积极性特别高，提前在船上排队。开往新奥尔松的第一、第二只橡皮艇上几乎都是我们的队员。

一上岸，我带着大家直奔目的地。

热情的李果站长是1984～1985年和我一起去南极考察的队友。由于我们队员多，站内没有足够的空间接待，于是李果站长在黄河站的大门前介绍了当前中国北极考察工作和站里情况，并与孩子们在黄河站合影留念。

介绍完后，李站长抱歉地说："今天中午，除了我们站里的一位技术负责人外，所有人员都要乘机返回国，站里堆满了即将运走的各种箱子，很乱，不方便带大家参观，请原谅。"

其实，同学们能够来到黄河站，能够见到站里的考察人员并合影留念，已经心满意足了。

当我进入站长办公室时，看见室内横七竖八地堆着包装箱，显然是"归心似箭"啊！但办公桌上的两面国旗，俨然是中国和挪威两国友好的象征。

同学们与站长李果（第一排右4）在中国北极黄河站合影留念

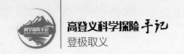
考察归来，同学们整理考察笔记，完成了 14 篇日记和 5 篇论文初稿。从这些日记和论文初稿中，可以清楚地看出孩子们还真有收获。

在实践中学习天气知识

2010 年 7 月 30 日早晨 5 ～ 6 时，考察船所在位置的天空分布着钩卷云和毛卷云，大约占天空的 80%。根据天气学锋面模式的原理和我在其他中高纬度进行天气预报的经验，我预测 24 小时后考察船所在峡湾天气很可能转为阴天，或有降水。我把同学们召集到考察船的甲板上，面对天空中的云，向同学们讲解高云、卷云、钩卷云，以及钩卷云和西风带上的天气系统的关系，钩卷云在什么情况下可能有降水天气……讲完之后，我对同学们说："根据现在天空中钩卷云超过 60% 的特点，24 小时后，我们考察船所在的地方很可能是阴天，有降水。"

我感觉到同学们并没有完全理解我讲的内容，但知道什么叫钩卷云了。用孩子们的话说，那就是带钩卷的离地 2000 米以上的高云。

第二天早晨 4 点半，我起床，见考察船上空云量达到 9 成以上，约 5 点，开始下雨，漫天阴云且海上有雾。没等我吆喝，同学们已经来到甲板。看来，同学们是来检验我昨天做的预报。

北极上空典型的钩卷云

北极海面上的雾虹

9点半左右，船左侧可见太阳，时隐时现；在船右侧出现雾虹。

伟大的自然界

从北京的课堂第一次走向北极，同学们除了学到有关北极的不少新知识外，感触很深的是自然界的伟大，人与自然相比显得很渺小。在北京四中张嘉俊同学的日记中有这么一段话：

"总结这次北极之行的收获，许多同学都谈到这次北极之行收获了很多知识，特别是关于动植物的，因为关于动植物的知识最是亲近，最是真实，最是丰富，也最容易被记忆……另外，张梦溪同学提到，来到北极，让她感受到北极的伟大，大自然的伟大，对比之下显出人类的渺小，她说获得了一种新的观察事物、看待问题的视角，从我们人类固有的'人类处于世界顶端'的思维中跳脱出来，进入'自然至上'的思维中。"

人大附中张梦溪同学的日记虽然文笔犀利，但证实了上述观点：

"在这样一片根本不可能想象的天地之间，我忽然觉得，以前书中

写道人类的渺小、宇宙的广博——可你看，其实地球就已经够大了。物理学家们，你们到底在奢望什么？宇宙的真理？万物的规律？以人的气力，如何能够又如何配得上如此的荣耀？"

"适者生存"是生物进化的大律

第一次来北极的同学们在考察的第三天就亲眼看到了北极熊捕鱼的情景，并拍摄记录下来，真是幸运。为此，我认真整理自己和部分师生拍到的照片，加上之前来北极拍摄的北极熊照片，连夜赶制了"北极熊捕鱼记"的PPT，说明北极熊不惧气候变暖引起捕食海豹的困难，迅速改变生活习惯，很快学会捕鱼的本领，体现了适者生存的重要性。欣赏过"北极熊捕鱼记"后，我坦率地告诉同学们，"我也是第一次看到北极熊捕鱼"，师生们得知后，露出了惊喜的表情。我们一起讨论交流，同学们通过北极熊捕鱼的真实故事，充分理解"适者生存"四个字的真正含义。

北极气候变暖，浮冰减少，北极熊适应环境变化，改捕鱼求生

北京四中的董沃铭同学在论文《北极不朽的丰碑——北极熊》中写道："那天在拍照的过程中，忽然看到了北极熊捕鱼的一幕，就像高教授说的，现在的北极熊竟然开始捕鱼了。北极熊一般是捕食海豹的，但是现在的北极熊为什么开始捕鱼了呢？高教授向我们阐明了其中的道理。由于气候的变化，导致北极的环境也发生了变化，全球变暖导致了很多环境变化，对于北极熊的影响就是，现在已经没有那么多的海豹可吃，于是他们学着适应气候，找到生存的方法。它们尝试着靠捕鱼来填饱肚子，以维持身体需要。这一现象在揭示环境问题的同时，也告诉了我们，世间万物都在以各种方法维持生命的本质。环境在变，气候在变，动物的习性也会随之改变。"

　　同学们还把"适者生存"的规律应用到北极鸟类上了。北师大二附中唐琛同学在论文《北极的鸟类——适者生存》中这样写道：

　　"为了适应北极地区艰难的生存环境，居住在这里的鸟类练就了一身独特的生存本领。它们的羽毛不止是为了飞行，同时也起到了隔热的作用。北极地区极少数的常驻鸟类，为了适应严寒的天气，它们的羽衣相比于其他迁徙性的鸟类要稠密得多。"

　　他在分析北极燕鸥为什么不喜欢人类接近它们的生活区域时，有这样一段叙述："我们不妨将它们想象成人，不同的生活会造成人的性格差异。那么鸟儿的生存方式也决定了它们的性情，而这种性情由于生存方式的代代相传，便形成了性格迥异的鸟类社会。但是这种不同的行为和性格并无好坏之分，而是鸟类适应不同的生存环境后的进化产物，对于不同的鸟，这些都是它们赖以生存的本领的一部分。"

　　虽然行文有点孩子气，但他把北极燕鸥不喜欢人类接近它们的生活区归因为了生存而适应环境变化的结果也是有一定道理的。

　　北京四中董沃铭同学感慨地写道："'适者生存'这一简单的法则

北极燕鸥不喜欢我们靠近它们的家园

有力地支配着这里的一切，万物也都恪守不渝，维持着自己的生存。人类不能主宰万物，万物都有自己生存的本能。在一个个翻着鱼肚白的极昼不眠之夜我们将感受藏在心里。"

在北极考察期间，新鲜事物不断涌现，不少同学勇于提出问题，与同学和老师讨论，敢于发表自己观点。例如，北京四中的秦达然、侯筱在论文《植物篇》中写道："北极之行结束了，但是对于植物的研究和喜好还远远没有尽头。我还会在这个领域继续钻研下去，在获得更多知识的同时被大自然深深感动和震撼着。当生命遇到冰雪——静听繁花盛开的统一与和谐，让这些最纯净的生灵净化自己的生命，让灵魂在亲近它们领悟它们的时候得以升华。""十几天的行程下来，我所收获的也不再仅仅是最初对这些植物的感动和敬佩，还有自己的积累、沉淀以及对自然的思考。"

九、科技创新与科学普及

近年来，国家在重视科技创新的同时越来越重视科学普及工作，重视提高全民科学素质。

2016年5月30日，全国科技创新大会、中国科学院第18次院士大会和中国工程院第13次院士大会、中国科学技术协会第9次全国代表大会在北京人民大会堂隆重召开。习近平总书记对全国科技工作者讲话中指出："科技创新、科学普及是实现创新发展的两翼，要把科学普及放在与科技创新同等重要的位置。没有全民科学素质普遍提高，就难以建立起宏大的高素质创新大军，难以实现科技成果快速转化。"

把科学普及放在与科技创新同等重要的位置，太重要也太不容易了。多少年来，在科技界，评价科学家的贡献都是以科技成果论成败，甚至是单纯以科技论文的数量或是论文发表的学术期刊的名望论成败，而不考虑论文对于国家的国民经济、国防建设和科技事业发展有无促进作用，更不在意其对于全民科学普及的重要与否。

现在的中国在某个领域有作为的科学家不少，但是缺乏跨领域有作为的专家。全民的科学素质，尤其是青少年的科学素质还有待提高。

在此，我愿意以自己50多年科学考察研究与科学普及的实践经验和读者交流，但愿能够对读者朋友有所帮助，也希望能够得到读者朋友的回应。

我的第一本专著——《中国山地环境气象学》

1978年10月，叶笃正老师希望我撰写一本《中国山地气象学》，之前我国气象界前辈出版了《西藏高原气象学》。然而，我根据多次参加青藏高原科学考察以及为中国登山队攀登珠峰和南迦巴瓦峰做登山天气预报的实践发现，山地对于大气和大气环流的动力、热力作用固然存在，但大气、大气环流变化也能影响山地，且山地对于大气环流的影响会对四周的自然环境产生影响。反过来，人类活动也会影响大气环流。为此，我认为应该研究总结山地、大气环流、自然环境与人类活动之间的相互作用，建议改为《中国山地环境气象学》，得到了叶笃正、陶诗言老师的赞同。

在我完成《中国山地环境气象学》一书写作、准备出版时，叶笃正老师为该书作序，序中写道："本书的创新之处在于开创了研究山地、大气与自然环境之间相互作用的领域，并取得了一些有意义的结果。""在本书的第二篇中，揭示了大气环流变化对于山地与大气之间相互作用的影响，指出了山地对于天气、气候和自然环境的影响。""值得一提的是，本书第三篇研究了人类对于山地环境气象条件的适应问题，这是一个好的开端。"

刘东生先生的序中写道："《中国山地环境气象学》是地学、生物学和人文科学相互渗透的新的学科，是多年来在山地科学研究方面难得的一本好的多学科相互渗透的科学专著。""不仅揭示了我国山地与大气、大气环流、自然环境之间的相互作用，而且还研究揭示了雅鲁藏布江水汽通道对于西藏文明发展的影响，这是自然科学与人文科学之间相互渗透的新成果。"

陶诗言老师在序中指出："这是一本理论与实践紧密结合的科学专著""在第三篇中，概括了他关于影响喜马拉雅山脉地区登山活动的大气环流和天气系统的分析研究成果，提出了宜于登山时段的短期气候预测的理论根据和方法，提出了登顶天气的中期、短期天气预报的理论根据和方法""他把气象学家在大气环流研究方面的理论与喜马拉雅山脉地区的局地天气、气候特点结合起来，并把他在山地环境气象学研究中发现的一些山地天气、气候规律用于登山天气预报和短期气候预测之中，逐渐提高了预报准确率。"

第一次做科普报告

1968 年底，中国科学院要排演一部《无限风光在险峰》歌舞剧，以反映中国科学院科学工作者在珠峰科学考察工作中的情况。剧组邀请我给他们讲述有关中科院科研人员在珠峰科学考察的故事。

剧组中有几位演员是力学所的科研人员，因此他们邀请我给力学所做报告。力学所大礼堂可容纳好几百人，只有一个扩音器。我用近两小时报告了科学工作者在珠峰海拔 5000 米到 6500 米科学考察的过程，讲述了中国登山队队员如何协助科学家采集科学标本的动人故事。没有想到，听众听完报告后反应热烈。

一件有趣的事情是，报告后的第二天早晨，当我在中关村科学院大操场锻炼时，力学所的大喇叭里传来珠峰科学考察故事的广播，听起来是那么熟悉，但是听不出是谁的声音。我问好友力学所赵成修，他笑着说："你自己的声音都听不出来啊！"后来我请教有关专家才知道，一个人听自己的声音是通过耳膜的振动传递，而不是靠声波传递的。

1975 年下半年，北京各中学要求学生每天去学校，但学校领导不敢开课，不知道该教什么。一次，北京第十九中学通过关系找到我所在的大气物理研究所，邀请我去给学生讲攀登珠峰和科学考察故事。在刑国仁——我的大学校友陪同下去北京第十九中做报告。

在学校的大操场上，近千名同学搬来椅子听我做报告。当时，并没明确是科普报告，我讲的是英雄的中国登山队员如何不怕牺牲胜利登上珠峰的故事，还讲了中国科学家如何在登山队员的协助下，采集从大本营到珠峰顶部的科学样品和测量珠峰高度的故事，如何协助中国登山队

1975 年秋在北京市少年宫为天文课外小组做珠峰科普报告

做好攀登珠峰天气预报的故事……

近两个半小时的报告，学生们安安静静地听，当我说到中国登山队员不畏艰险登顶成功，五星红旗在珠峰顶高高飘扬，登山英雄潘多平躺在珠峰顶部一个多小时，完成遥控测量人类在世界最高峰的生理记录以及登山家王鸿宝从珠峰顶峰带着岩石样品回到大本营后晕倒的片段时，全场爆发出经久不息的掌声……

另一件有趣的事情是，2012 年的某一天，我和中国科学院老科学家科普演讲团荣誉团长钟琪来到北京市少年宫，商谈科普讲座合作事宜。其间少年宫负责人带我们参观少年宫的展览室。走到一幅大照片前，负责人突然问我："高教授，记得这幅照片吗？"我抬头一看，照片中的黑板上有一条横幅，上写"热烈欢迎高登义叔叔"，黑板前面站着一位小伙子，下面坐着几十位佩戴红领巾的学生。我想那位小伙子应该是我。负责人见我一副惊讶的样子，高兴地说："给您一个惊喜！这是您1975 年来我们少年宫给天文课外小组学生做报告的照片。"经她提醒，我总算回忆起来了。我曾在北京市少年宫做过两次报告，另外一次是给少年宫所有课外小组学生以及辅导老师做的。

我翻拍了这张珍贵的照片。

1968～1975年，我做过的科普报告有20余场。

第一次单独完成一本科普书

我应邀参加科普书的写作是从20世纪80年代开始的。第一部科普作品书名是《大气物理学简介》，由中国科学院大气物理研究所几位科学家共同撰写，科学出版社出版。我撰写了其中一章，"青藏高原气象学"。第一本由我独立完成的科普书是《极地探险》，1997年由河南科学技术出版社出版，是"中国科学探险丛书"中的一种，也是我的第一本获奖科普书。这套丛书于2001年5月荣获"第四届全国优秀科普作品奖"科普著作一等奖。

在这本书中，我根据自己的科学考察研究结果提出了两个观点，即：南北极冰雪变化是全球气候变化的敏感区和关键区；极地为人类蕴藏了丰富的古气候和古环境档案资料，应该能为研究现代和未来气候的演变提供有效的科学依据；揭开了一个南极奇特自然现象——南极奇特的日出日落。

Q: 为什么说南北极冰雪变化是全球气候变化的敏感区和关键区？

A: 所谓敏感和关键地区，可从南极和北极地区海冰面积和厚度变化对于气候的影响来阐述。

众所周知，极地的地—气系统是全球地—气系统的主要冷源，赤道附近的地—

《极地探险》书影

九、科技创新与科学普及

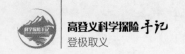

气系统是全球地—气系统的主要热源，两者遥相呼应，组成了全球热机的重要部分，是影响全球气候变化的主要因子。

极地的地—气系统之所以成为全球地—气系统的冷源，除了因纬度高而太阳辐射弱以外，主要是由于具有广大的冰雪表面把太阳辐射反射回太空中的缘故。气候学家们更关注的是极区冷源强度的变化，即极区海冰面积和海冰性质的变化。

Q: 极区海冰面积变化是否会影响气候？如何影响？

A: 极区海冰面积的大小从两方面来影响气候的变化。第一，改变极区的海—冰—气热量和水汽交换。这是因为，海冰覆盖面积大时，极区海域的水面减小，从海洋向大气输送的热量和水汽减少；反之面增大，从海洋向大气输送的热量和水汽增加。第二，改变极区下垫面对太阳辐射热量的吸收。这是因为冰面的反照率要比水面的反照率高得多，海冰覆盖面积大时，极区海面吸收太阳辐射小，反之吸收太阳辐射大。

Q: "人类活动影响全球变暖"，这么说对吗？

A: 从南极内陆冰芯中获得的 15 万年来气温演变资料不难看出，距今 2 万年以来，全球气温开始上升，近 1 万年以来一直处于高温期间（间冰期），这与近数十年来实测全球平均气温逐渐增高的结果相符。这是"人类活动影响全球变暖"的有力证据。然而，根据冰芯得到的气温历史资料也表明，在距今 12 万~14 万年，地球上也有一个高温期，且平均气温值要比近 1 万年来的平均气温值还要高。如果说近 1 万年来，尤其是近百年来地球上气温升高是由于人类及工业活动的影响，那么，距今十多万年前的高温期是否也是受人类和工业活动的影响呢？从已知的人类发展史来看，显然目前还没有充分的根据证明是人类活动的影响。

 除了极昼和极夜以外，极地是否也有日出日落呢？

A: 答案是肯定的。

　　冬至（夏至）之后，太阳直射点逐渐向北（南）移动，南极（北极）地区自北（南）向南（北）逐渐出现日出日落。例如，中国南极中山站位于南纬 69°22′24″，在 1988 年 11 月 25 日至 1989 年 1 月 17 日的 54 天内，有效日照时数为 24 小时（即极昼）；从 1 月 18 日起，每天的日照时数逐渐减少，出现了日出日落。

　　1985 年 2 月 10 日，我们跟随日本南极考察船"白濑号"航行于南纬 70°13′、东经 24°25′的海面上，在气温零下 8.2℃、风速 11~12 米 / 秒的条件下，观测并拍摄了南极地区独特的日出景观。

　　凌晨 3 点起，我密切关注着天边和分针的变化，好不容易到了 3 点半，应该是日出的时候了。可太阳仍未升起，只是朝阳已渐渐映红了天幕。此时可以看到，天空中有高积云。快到 4 点时，太阳不仅没有升起，原来映红了的天空反而变淡，太阳仿佛要落下去似的。4 点 10 分东方出现晨曦，并逐渐有红光升起。4 点 16 分太阳四周出现淡青色光环；太阳露出海平面，呈圆弧状，渐渐升起。4 点 20 分大约有四分之一的太阳已露出海平面，天空的红色变深，太阳四周仿佛镶上了一道黄色的光环。

　　我当时手指已冻得麻木，不停地从口里哈出热气暖手，以便拍照和录音。4 点 28 分朝阳刚好升到海平面上。奇怪？除了紧邻太阳四周有红光外，天空反而变暗了。

　　在南极地区，日落与日出现象刚好相反。当夕阳接近地平线时，原

1 2
3 4

图 1. 4:10 东方出现晨曦，并逐渐有红光升起

图 2. 4:20 约有四分之一的太阳已露出海平线，天空的红色逐渐变深，紧邻太阳的四周似乎镶
上了一圈黄色的光环

图 3. 4:24 约有四分之三的太阳升到海平线上，天空逐渐变暗了

图 4. 4:28 朝阳恰恰升到海平线上。除了紧邻太阳四周为红光外，天空全变得黑暗了

来白色的火球逐渐变为淡黄色，紧邻太阳的四周呈现一个紫红色圆环，把天空和海面连接在一个圆球里。在这圆圈以外，天空与海面都是黑洞洞的，极目远眺，犹如黑夜里冰海中的一盏航灯。随着太阳高度角的降低，紫红色的圆环慢慢缩小，直至夕阳只残留一半在海平线以上时，整个天空与海面则变得更暗，似乎黑夜马上就要降临。随着太阳高度角进一步降低，天空却奇迹般地很快变亮，大约当太阳落入海平线以下 3/4 时，一片血红色的天空却展现在我们眼前。海面上的漆黑色也逐渐向紫红色过渡，尤其是在夕阳照射的扇形面积中，已与天空的血红色完全浑然一体。仿佛黑夜即将过去，顷刻间，海平线上仅仅残留一块扁平的淡黄色火团，发射出一束淡红色光柱，天空迅速由血红色变为淡

红色，海面上放射出一层淡红色的光泽，宛如黎明即将来临。

> **Q:** 为什么南极地区的日出、日落景象和其他地方如此不同？为什么太阳还在地平线以下时天空彤亮，当半个太阳升到地平线上时天空反而变黑？为什么日落又几乎与日出过程中的现象正好相反呢？

A: 当太阳赤纬（δ）为负 23°27′ 时，正是南半球的夏至。在南极圈上的白昼时数达 24 小时，即全天可以看到太阳都在极圈的地平线以上。

二月是南半球的夏季。在南半球高纬度地区，例如，在南纬 69° 至 70°，当太阳还在海平面以下时，由于白夜现象，天空本就微明，加之南极大陆表面 95% 以上均被冰雪覆盖，像一面巨大的镜子把海平面以下的太阳光反射到天空。这两部分光叠加在一起，就使天空呈现出淡淡的红光。

当朝阳一半升到海平面以上时，南极大陆的冰雪明镜作用已不能再把太阳的光芒反射到空中，映入人们眼帘的是太阳的直射光，即只能看见太阳本身及其紧邻的光环；因而天空便显得黑漆漆的。

> **小贴士**
>
> 所谓白夜，是指在高纬度地区的夏季，因为常在晚霞暮光终结以前就开始出现曙光，整个夜间都是明亮的一种自然现象。

另外，由于南极地区空气非常洁净，刚刚离开海平面的太阳光几乎不受任何折射作用，这也是天空呈现黑漆漆的原因之一。

日落与日出其过程恰恰相反。

科学创新和科普实践中的点滴体会

数十年来，在我走进地球三极与广阔海洋的科学考察研究和步入科学普及殿堂的实践中，出版了几本科学专著和 20 多部科普作品，发表了近百篇学术论文和几百篇科普博文，尤其是在全国范围内做了千余场

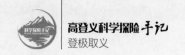

的科普报告，面对面与近百万听众面对面零距离交流，对于科学创新和科学普及的关系有了比较深刻的认识。

所谓科学研究的四性，即科学研究的过程性、科学结论的暂时性（创新性）、实践性和社会性。对此，我在本书第一章中已有讨论，这里只补充说明"科学结论的暂时性"。

以南极臭氧洞形成原因为例。1985年，自英国科学家和日本科学家发现南极臭氧洞后，有科学家提出，这是由于人类排放大量氟利昂气体带来的结果。理由是氟利昂气体中的氯离子会与臭氧发生化学反应，

知识链接

科学普及的四要素

科学普及的四要素包括科学知识、科学思维、科学方法、科学精神。

科学知识　这是科学普及的基础，把科学基本知识尽可能地普及到每一个公民。科学知识浩瀚无边，永无止境，因此，必须对不同的人群有针对性地普及相应科学知识，对相同的人群在不同的时段普及不同的基本知识。

科学思维　这是科学普及的关键之一。由于科学知识的浩瀚无边与永无止境，科学家或科普工作者应当尽可能地普及科学思维，起到"举一反三"的作用。例如，如何正确认识科学非常重要。要让公众知道，科学不是万能的，科学具有两重性。科学能够服务于人类，歌德曾经说过，"大自然永远是正确的，永远是公正的，错误和罪过是人犯下的。"恩格斯也说过，"我们不要过分陶醉于我们对自然界的胜利。对于每一次这样的胜利，自然界都报复了我们……"

科学思维具有一定的哲学性。如果科学家能够学点哲学，对普及科学思维将有所帮助。比如，老子在《道德经》里讲的"人法地，地法天，天法道，道法自然"等，也许都有助于科学思维的普及。

科学方法　普及科学方法也就是普及科学研究的方法。如果人们尽可能地遵循《中庸》里"博学篇"有关"博学之，审问之，慎思之，明辨之，笃行之"的教诲，特别是在博学基础上敢于"审问"前人的结论，再经过"慎思""明辨"，而后踏踏实实地实践，才有可能"创新"。

科学精神　科学精神的基本点应该是"求真务实"。国家最高科学技术奖获奖者叶笃正先生在他的获奖感言中写道："求实求实再求实，认真认真再认真"，也是"求真务实"精神的体现。

破坏了臭氧层。

然而，时隔不久，有科学家提出疑问：人类排放的氟利昂气体绝大部分在北半球，为什么北极上空没有臭氧洞，而出现在南极上空呢？

这个问题击中了要害。科学家们继续研究，发现了新的原因。原来南极主要以南极冰盖为主，平均海拔3000多米的南极冰盖宛如一座巨大的冰山在冷却大气，使得南极上空在过渡季节的气温很低，在平流层出现低于零下78℃的气温，形成冰晶云，破坏大气中的二氧化氮。研究表明，二氧化氮对臭氧有保护作用，表现为二氧化氮浓度变化与臭氧浓度变化成正比关系。当二氧化氮浓度减小时，为氟利昂气体中的氯离子与臭氧化学反应提供了可能性。北极地区是以海洋为主，在过渡季节，其平流层上空没有出现低于零下78℃的气温，无法形成冰晶云，无法为氟利昂气体中的氯离子提供与臭氧发生化学反应的机会，因而北极上空没有臭氧洞。

这样就解释了"为什么北极上空没有臭氧洞"的问题，南极臭氧洞形成原因的结论，在短短几年内就发生了变化。这正好说明了科学结论的暂时性，也就是科学的创新性。

科学创新与科学普及相得益彰

通过科学普及，把最新科学理论和结果向公众传播，很可能引出新的科学问题，从而又促进科学研究的发展。在1998年徒步穿越雅鲁藏布大峡谷过程中，新闻媒体广泛地宣传、普及了有关雅鲁藏布大峡谷水汽通道作用对我国自然环境和人类活动的影响，引起了钱学森和钱伟长两位科学泰斗的关注。他们联名致函国家领导人，大胆建议扩大雅鲁藏布大峡谷通道，增加向青藏高原腹地的水汽输送量，以缓解我国西北干旱状况。

其中一位泰斗专门打电话给叶笃正老师，希望得到叶老的支持。"雅

鲁藏布江下游水汽通道作用及其对于自然环境和人类活动影响"最早是我和杨逸畴、李渤生教授在论文"雅鲁藏布江水汽通道初探"(《中国科学》,1987 年第 8 期)中提出的观点,叶笃正院士当面要求我根据两位科学泰斗的提议,认真进行数值诊断分析研究。

叶笃正先生获奖感言

为此,我与我的研究生蹇咏霄一起花了两年时间,于 2001 年完成了《雅鲁藏布大峡谷地形变化与水汽通道作用研究》一文,这篇论文后收入我的专著——《中国山地环境气象学》。

结论是,即使把雅鲁藏布大峡谷扩大到 100 千米宽,并从大峡谷口到我国三江源地区改变地形为斜坡,选取历史上最强盛的西南季风年,这样的水汽输送也不能到达青海三江源地区。沿途水汽就会凝结为水降落。当然不能够到达长江和黄河源头,更无法达到缓解我国西北干旱状况。即从气象条件和地形条件来看,这种设想不符合实际。

当叶笃正老师把我们的论文结论转告两位科学泰斗后,从此再也没有人提出类似的设想了。

十、从征服自然到知天知己

在人与自然的关系上，谁主谁从，古人早有高见。庄子反对人为对自然规律的损害，主张"无以人灭天"。荀子认为"天"是不以人们意志为转移的，他说："天不为人之恶寒也辍冬，也不为人之恶辽远也辍广。"即是说，自然界不会因为有人不喜欢寒冷就去掉一年四季中的冬季，也不会因为有人不喜欢遥远和辽阔而变得狭小。

由此可见，我国古代哲学家的天人观，即自然和人为关系之观点。除墨子比较强调人为因素外，绝大部分都认为：自然规律不以人的意志为转移，即人类必须遵从自然规律；人类本身就是自然界的组成部分，人与自然本为一体，密不可分，人的行为遵从自然界规律，也就是遵从自身发展规律。相反，如果人类企图独立于自然界，甚至与自然界为敌，征服自然界，最后，人类必将破坏自然界，毁灭自己。

在漫漫的科学探险考察生涯中，我曾 25 次进入青藏高原，与高原上的山山水水共度春秋； 22 次进入南北极地区与浩瀚的冰雪世界共度岁月。我曾在天山托木尔峰南北与蓝天白雪朝夕相处了 100 多个日日夜夜，在西太平洋海域与 "实验 3 号"科学考察船一起漂泊了 200 多个难眠之夜；我曾 5 次进入雅鲁藏布大峡谷，与神山圣水亲近；我 8 次进入珠穆朗玛峰地区与 "第三女神"朝夕相伴，聆听 "第三女神"的教诲……我逐渐接近大自然，认识大自然，也逐渐认识自我。我深知大自然是多么伟大，个人是多么渺小；也深知大自然是那么可亲、可敬、可畏；深知人类必须首先认识自然规律、遵循自然规律，才能与自然界和谐相处，共同持续发展；只有这样，一个人才能在自己的人生实践中

逐渐达到"天人合一"的快乐境界。

实践让我怀疑"征服自然"

在我的青年时代流行的豪言壮语之一是"改造自然""征服自然"。在那个年代,"人定胜天"的信念非常牢固。我也是"人定胜天"的信仰者,"征服自然"之英雄的崇拜者。报纸上报道的"我国首次征服珠穆朗玛峰的英雄"我崇拜;书本上描述的"首次征服南极点的英雄"令我佩服;开荒种地,围海造田……"改造自然""征服自然"的"人定胜天"气概,曾一次次令我感动。虽然我当时对"征服自然"的真正含意并不十分清楚,但却完全接受。

然而,在 1975 年攀登珠穆朗玛峰的天气预报实践中,我开始怀疑"人定胜天"与"征服自然"。

1975 年 4 月 18 日,电报传来国家体委的指示,"根据 xxxxx 的预报,今年雨季提前来临,5 月 7 日后没有登顶天气,登山队务必于 5 月 7 日前完成登顶任务。"后来经调查得知,xxxxx 根本没有做过这个预报。

事实上天气实况恰恰与上述的"预报"相反,5 月 1 ~ 7 日,珠峰 8000 ~ 9000 米高度大风劲吹,没有适合攀登的天气条件,而宜于攀登的天气条件恰恰出现在 5 月 8 ~ 16 日。为了执行国家体委电报的指示,我国优秀登山家、此次攀登珠峰的突击队长邬宗岳不幸在海拔 8200 米处坠落牺牲。

后来,登山队气象组根据珠峰天气变化规律,准确预报 5 月 26 日后有 3 天以上的登顶好天气,中国登山队于 5 月 27 日 14 点登上了珠峰顶峰,留下了登顶的照片和摄影记录,采集了珠峰顶的岩石标本和冰雪样品,完成了人类首次精确测绘珠峰高度和记录珠峰顶上潘多心电图的科研工作。

两相对比，我感觉到"登山家应该遵循珠峰天气变化规律才能够顺利登上顶峰"。换句话说，人类要想亲近"第三女神"，必须首先了解"第三女神"的脾气。

后来，1988～1989年在建立中国南极中山站极为艰险的岁月中，我对"征服自然"又产生了怀疑。

曾记得在冰崩围困"极地号"考察船的时候，我们用数十吨炸药炸浮冰，想为我们建站开凿运输通道，完成建站任务，但密集的浮冰立刻又合拢来，恢复原状。我们没能"征服自然"。然而7天后，浮冰按照自己的规律，裂开了可以通过的缝隙，船长驾驶"极地号"考察船，抓住时机，冲出重围，完成了建站任务。

我当时想，人与自然相比，实在是太渺小，人想"征服自然"谈何容易！与其去"征服自然"，不如去"适应、遵循自然规律"。

实践让我逐渐认识"知天知己"

何谓"知天知己"？

通过多次科学考察实践，我逐渐认识到"知天知己"对于人的一生的重要性。所谓"知天"，是指一个人在亲近客观世界、逐渐追溯客观世界自然面目的过程；知己，是一个人逐渐追溯自己自然面目的过程。"知天知己"是一个人在追溯客观世界自然面目过程中，逐渐追溯自己的自然面目，并把自己的自然面目镶嵌在客观世界自然面目的恰当位置的过程。所谓"恰当位置"，即当我们这样镶嵌后，我们的心情比较舒畅，我们的学业或事业比较成功，我们在人与人关系、人与自然关系上比较和谐，那么我们就基本上走在"知天知己"的道路上了。

知己，在相当程度上说，就是认识"我是谁"的问题。

1981年，我在美国科罗拉多州立大学工作时，曾参加过该校组织的"外国留学生和工作人员"的春游活动。其中有两天去了科罗拉多州的一座教堂，聆听神父有关"圣经"的讲座，参加"学习讨论"会。讨论会中的一个题目是"Who am I？（我是谁？）"而组织者引导讨论的答案是："I am a son of God.（我是上帝之子。）"当时我对此觉得很奇怪，很惊讶，也很激动。奇怪的是"我是谁"算个问题吗？我就是我，我是高登义，我是中国人，我是中国科学院大气物理研究所的研究员，这还用得着讨论吗？让我惊讶与激动的是，西方国家也如此注重"思想教育"，而且用"讨论"的方式让你信仰"上帝"。我们13位从大陆去的中国人，当时的英语水平虽然不高，但仍然认真准备了发言稿，不赞同"我是上帝之子"的说法，而主张"我是人民的儿子"。

此次南极考察后，我对"我是谁"这个问题越发觉得深奥，它不仅是一个应该回答的"问题"，而且是一个很难回答的问题。就我目前的认识，我对"我是谁"的回答应该是："我是地球之子"或"我是大自然之子"。

在南极科学考察中，我们时刻都处在自然之中，随时都在接受大自然的拷问：小小的浮冰为什么能把"极地号"考察船撞个大洞？南极大陆的冰崩什么时候会发生？南极的浮冰是如何集散的？南极普里兹湾的天气与海面气压变化关系为什么特殊？……对于我这个多年从事山地和海洋研究的科学工作者，面对这些问题，也很难交出完美的答卷。当我逐步接近大自然、了解大自然后，我的答卷也逐渐接近"正确"。我感觉到，我们的答卷越接近"正确"，大自然赐予我们的恩惠就越多，我们与大自然的感情就越深。我们与大自然的关系似乎类似"母子"关系、"师生"关系。我认为自己是"大自然之子"，而作为自然之子，我们为什么要去"征服"自己的母亲呢？于情于理不容啊！我从心底认同：我们是自然之子，应亲近大自然，了解大自然，只有这样，才能真正接受大自然的恩惠，才能与大自然相依为命，共同生存发展。

在 1998 年徒步穿越雅鲁藏布大峡谷中，我进一步加深了对"知天知己"认识。

记得我们在策划徒步穿越的过程中，首先遵循大峡谷的气候特点，选择降水最少的春秋两季为徒步穿越时段。即春季 4 月的预察和秋季 10 月至 11 月的徒步穿越。实践证明，这符合大峡谷的自然规律，提供给了我们圆满完成徒步穿越的气候条件。另外，徒步穿越的最难点是大峡谷大拐弯处的 100～200 千米范围，这里峡谷幽深，地形特别陡峭。过去没有科学家在这段峡谷沿着河谷考察，是我们此次穿越的重点。以上可谓"知天"。

参加此次徒步穿越的科学家中，最年长者是副队长杨逸畴教授，时年 63 岁，一分队分队长李渤生 52 岁，二分队分队长关志华 58 岁，最年轻的是瀑布分队分队长张文敬教授，时年 51 岁。我作为队长，时年 58 岁。

与登山家丹增、平措和杨逸畴教授在布达拉宫前

我们在年轻时都没有能力沿着大拐弯河段的峡谷科学考察，而只好绕道而行。如今步入中老年的我们，更不可能靠自己穿越这一段峡谷了。我们决定向西藏登山队求助，邀请了仁青平措、丹增、平措和小齐米 4 位优秀登山家带领我们徒步穿越，他们都攀登过珠穆朗玛峰以及海拔 8000 米以上的高峰四五座，可谓"无高不可攀"。真可谓"知己"。

与登山英雄仁青平措合影

更让我印象深刻的是，发挥登山家在徒步穿越雅鲁藏布大峡谷大拐弯河段的领导作用极为重要。一开始，我们任命登山家分别为三个分队的副分队长，分队长都是科学家。临出发穿越前，我的老朋友仁青平措和我谈心中，提到穿越大拐弯河段的安全问题。我感觉到，如果继续任命科学家为分队长，很难保障登山家的指挥穿越作用。为此考察队领导开会决定，在穿越过程中，登山家为各分队指导员，负责指挥穿越过程，科学家必须在登山家的领导下进行徒步穿越。

这个决定保障了全队安全圆满地完成了徒步穿越雅鲁藏布大峡谷。全队 500 多人在 56 天的徒步穿越过程中，只有 1 名队员受点轻伤。我国登山界前辈、徒步穿越雅鲁藏布大峡谷政委王富洲在穿越后感叹地说："没有 4 位登山家带队穿越雅鲁藏布大峡谷，就不能够如此安全圆满地完成任务。"

的确，我们应该感谢 4 位登山家！我们更应该记住，没有我们的领导集体对于"知天知己"的正确认识和实践，就没有安全圆满完成徒步穿越雅鲁藏布大峡谷的可能。

我代表徒步穿越考察队宣布：在徒步穿越大峡谷过程中，各分队都必须服从登山家的领导

1985 年，我国建立了中国南极长城站后，建立我国北极科学考察站成为中国科学家的"心事"。1991 年，我应挪威卑尔根大学 Y. 叶新教授的邀请，参加了由挪威、苏联、中国、冰岛四国组成的北极国际科学考察队。在考察期间，我阅读了《北极指南》，发现了"斯瓦尔巴条约"与中国的密切关系。1925 年中国的北洋政府签署了加入"斯瓦尔巴条约"的协议，成为该条约 35 个成员国之一。当我读到条约中关于"成员国有在北极斯瓦尔巴群岛建立科学考察站的权利"时，兴奋得一下跳了起来，紧紧拥抱 Y. 叶新教授，并当场举杯庆贺。中国人终于发现自己有在北极斯瓦尔巴群岛建立科学考察站的权利，中国人在北极建科学考察站的梦想可以实现了。这是中国科学家北极建站"知天"的前提。

"斯瓦尔巴条约"明确规定，挪威政府是该条约的代管者，这意味

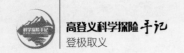

着，中国科学家要去斯瓦尔巴群岛建立北极考察站，必须得到挪威政府的邀请。为此中国科学探险协会通过多方努力，终于在 2001 年初得到了挪威政府同意，获得了邀请函，符合了在斯瓦尔巴群岛建站的条件。这也是中国科学家北极建站"知天"的重要组成部分。

"知天知己"与"不确定性中的确定生活"

谈到"知天"，其中有一个关键的观念，那就是"宇宙未来的不确定性"。

德国物理学家海森堡认为，宇宙中任何一个粒子的未来位置和运动状态是不确定的，进而推论宇宙的未来是不确定的。

英国哲学家罗素认为："哲学研究的目的不在于在不确定性中给出确定的答案，而在于在不确定性中确定地生活。"

我认为，要想"在不确定性中确定地生活"谈何容易，我们只要做到"在不确定性中尽可能确定地生活"就难能可贵。为此，我们应该尽可能地"知天知己"。

下面讲一个北极熊如何适应北极气候环境变化求得生存发展的故事，用以说明"在不确定性中尽可能确定地生活"。

2010 年 7 月 24 日，当地时间 14 点 30 分到 16 点，我们乘坐考察船从北极斯瓦尔巴州首府朗伊尔宾出发，在第三天到达位于斯匹兹卑尔根岛的西北的考察点。这是一个相对狭小的海湾，两边为陡峭的山，近岸是岩石，山顶部分是冰川。海湾中的水一部分是来自冰川的淡水，一部分是大西洋的海水。

小贴士

海森堡的量子力学不等式为：

$$\triangle Q \times \triangle P \geqslant h/4\pi$$ 式中，$\triangle Q$ 为测量宇宙中任何粒子位置的误差，$\triangle P$ 为其动量测定的误差。

海森堡认为：测量粒子初始位置的误差越小，其初始动量误差越大，反之亦然；永远不能同时精确测定。

海水与淡水混交的区域通常是鱼类生活的好地方。

据考察船上研究北极熊的专家介绍，由于这个海湾里有很多又肥又大的三文鱼，一些聪明的北极熊从浮冰地区逐渐迁徙到这里。据统计，到 2010 年，已经有 20 多只北极熊迁徙到这里生活，以捕鱼为生，在这里新出生了 6 只熊宝宝。如果够幸运，当天能见到北极熊抓鱼。

我们运气不错，遇到 3 只北极熊。一只带着熊宝宝，应该是熊妈妈；另一只是大点的熊宝宝，我称它熊姐姐。

下午 3 点左右，我们乘小橡皮艇进入海湾。停在面向可能出现北极熊的海岸。船上 12 人都密切注视岸上的岩石区，希望看到北极熊。

我们在艇上耐心等待，盼望北极熊能出现在岸边，离我们越近越好，要是能清晰地拍下它们，就心满意足了。

熊姐姐首先来到岸边，她抬头环顾四周，似乎在侦查周围情况。接着，熊姐姐下水了，两只北极海鸥飞来，前面一只把嘴靠近熊姐姐嘴边，好像挑战说："抓住鱼大家都有份！"

奇怪的是：北极熊居然老老实实地听，生物之间的关系真是难以揣摩啊！

1 2　图 1.熊姐姐首先来到岸边捕鱼，她抬头环顾四周
　　　图 2.熊姐姐还没有开始捕鱼，两只海鸥飞来对话

1 2 图 1. 熊姐姐刚刚抓住鱼，海鸥轮流飞来，一只海鸥抢到了一点
图 2. 熊姐姐抓到一条大鱼准备晚上享用，海鸥飞过来抢食

哇！熊姐姐抓到大鱼了，海鸥开始进攻，一只海鸥抢到一点鱼，马上飞开。

熊姐姐还得准备晚餐呀，她又抓住一条大鱼，准备晚上享用。海鸥飞过来，追赶熊姐姐，熊姐姐只好叼着大鱼逃窜。

熊姐姐终于吃饱上岸了。奇怪！远处的熊妈妈急匆匆地带着熊宝宝向熊姐姐走来。当熊妈妈来到距熊姐姐七八米远处时，只见熊姐姐对熊妈妈"叽里咕噜"说了些什么，熊妈妈突然停住脚步，紧跟在后面的熊宝宝没反应，继续前进，一下子钻到熊妈妈的身子下了。熊宝宝惊讶地问："妈妈，怎么啦？"熊妈妈转过头来，亲切地说："孩子，你姐姐说这里不好捕鱼，要我们往前面挪一挪。"

熊妈妈听取熊姐姐的意见，先把熊宝宝放在岸

熊姐姐吃饱上岸，熊妈妈从远处带着熊宝宝向熊姐姐走来

图 1. 熊妈妈突然止步，熊宝宝一下子钻到妈妈屁股底下

图 2. 熊妈妈转过头来亲切地说："孩子，你姐姐说这里不好捕鱼，要我们往前面挪一挪。"

图 3. 熊妈妈一个倒栽葱下水捕鱼，熊姐姐在岸上观望

边，自己下水捕鱼。据我观察，熊妈妈捕鱼比熊姐姐更认真。为什么呢？因为"熊姐姐一人吃饱全家不饿"，而熊妈妈还得多抓鱼喂宝宝。熊妈妈一个倒栽葱下水捕鱼了，熊姐姐在旁边关心地照看。不到七八分钟，熊妈妈抓到鱼了，4 只海鸥立刻飞过来抢鱼。深受其害的熊姐姐愤怒了，一个箭步冲上去，好像边冲边喊："滚开！"有几只海鸥被轰走了，但仍有几只海鸥不走，熊姐姐继续往上爬，正好爬到熊妈妈上方，保护熊妈妈，让她吃个饱。熊妈妈吃饱后，继续捉鱼喂熊宝宝。

　　目睹北极熊捕鱼的全过程，我万分感动。一是熊姐姐会帮助熊妈妈

高登义科学探险手记
登极取义

照顾宝宝，熊妈妈捕鱼是那样热心，那样认真，可以说是尽心尽力啊！其中的亲情、真情值得人类深思！二是北极熊改变捕食海豹的习惯，学会了捕鱼为生，以适应气候环境的变化，北极熊不仅明白"适者生存"的规律，而且认真实践，颇有成效！难道不值得人类学习与借鉴吗？

　　现在，由于全球气候变暖，北极的浮冰在 2007 年前已经迅速减少，北极熊在浮冰上捕食海豹的可能性逐渐减小。而且由于人类大量捕猎海豹，北极的海豹越来越少（我们此次在海上航行 14 天，只看到 3 只海豹）。北极熊为了生存繁衍，它们必须改变自己的生活习惯。捕鱼成了北极熊生存的重要手段。"物竞天择，适者生存"这一自然规律，再一次得到了验证。

　　北极熊知道"适者生存"，人类更应该主动地面对全球气候环境变化，积极认识并适应其变化规律，以保证人类更好地生存与发展。

1 图1.熊妈妈捉抓到鱼了，4只海鸥围攻抢食
2 图2.深受其害的熊姐姐生气了，一个箭步冲上去，轰跑海鸥
3 图3.还有海鸥不走，熊姐姐继续往上爬，保护熊妈妈
4 图4.熊妈妈吃饱后，再捉鱼喂熊宝宝

义无反顾

回味 1963 年前的学生生活，回顾 1963 年后的科学研究生涯，尤其是 1966 年后的科考研究和科学探险生涯，踏踏实实、循序渐进，每走一步都留下了足迹，每完成一项国家科研任务，都有所发现、有所进步。回顾我参加组织的我国科学探险活动，都是我国科学前辈们多年科考研究成果与实践相结合的过程，也可以说是一次再创新。

在科学研究方面，我大半生就做了一件事，那就是在前辈科学研究基础上提出并撰写和出版了《中国山地环境气象学》。在科学实践方面，也只做了一件事，那就是把中国山地环境气象学研究的成果较好地应用于我国登山气象预报事业。在科学家要为国分忧方面也只做了一件事，那就是为我国北极科考和建站尽心尽力，做了一位中国人应该做的事情。在我国科学探险事业中，继承我国科学界前辈"求真务实"和"服务于国家经济建设"的优良传统和作风，为雅鲁藏布大峡谷、三江源以及我国大香格里拉等的可持续发展建言献策，于心无愧。

在人生道路上，我初步懂得了一件事，那就是人必须遵循自然规律，必须尽可能做到"知天知己"，必须懂得"在不确定性中尽可能确定地生活"！

此外，在我的大半

1 2　图 1.《中国山地环境气象学》书影
图 2. 2005 年 4 月 22 日在中国科学技术大学科普报告后为同学们签名

1　图 1. 2011 年 11 月 11 日，被成都电视台推荐为"在国际上有影响的 60 位成都人"
2　图 2. 2011 年 11 月 11 日，在成都与偶像、著名表演艺术家秦怡合影

生中，也遇到过一些我的"粉丝"，尤其是十多年来参加中国科学院老科学家科普演讲团以来，在全国科普演讲中，无数次被学生包围，希望签名、拥抱……那精神上的享受，那从孩子们的热情与青春气息中所获取的精神营养，无与伦比啊！当然，我们这些老年人，其实心目中也有崇拜的偶像。例如，我国知名的老一辈表演艺术家秦怡，90 多岁了，仍然像她在电影《铁道游击队》和《女篮五号》中饰演的女主角一样风度翩翩，仍然那么令人尊重！一个偶然的机会，在 2013 年的"成都 60 位国际影响人物"评选中与秦怡相遇，当时 73 岁的我竟然大胆地邀请秦怡合影留念。

　　人生苦短，往前看，对于自己的一生而言，时间似乎不多了。然而人的一生有长有短，这是自然规律，夫复何求！如果我能够在今后的生活中，尽可能地与家人一起享受生活，尽可能地多做一点科普工作，尽可能为大家做一点有益的事情，尽可能地帮助那些需要帮助的人，此生足矣！

2016 年 4 月 28 日在重庆黔江新华中学科普讲座后与同学们合影

图书在版编目（ＣＩＰ）数据

登极取义 / 高登义著 . -- 福州：福建少年儿童出
版社 , 2018.8
　　（高登义科学探险手记）
　　ISBN 978-7-5395-6475-3

　　Ⅰ . ①登… Ⅱ . ①高… Ⅲ . ①珠穆朗玛峰—科学考察
—青少年读物 Ⅳ . ① N82-49

中国版本图书馆 CIP 数据核字 (2018) 第 090957 号

高登义科学探险手记
登极取义
DENGJI QUYI

作者：高登义
出版发行：福建少年儿童出版社
http://www.fjcp.com　E-mail: fcph@fjcp.com
社址：福州市东水路 76 号 17 层（邮编 350001）
经销：福建新华发行（集团）有限责任公司
印刷：福州华彩印务有限公司
地址：福州市福兴投资区后屿路 6 号
开本：710 毫米 ×1000 毫米 1/16
印张：11.75
版次：2018 年 8 月第 1 版
印次：2018 年 8 月第 1 次印刷
ISBN 978-7-5395-6475-3
定价：38.00 元

如有印、装质量问题，影响阅读，请直接与承印厂联系调换。
联系电话：0591-87911644